JN120757

設計技術シリーズ

AIプロジェクトマネージャのための機械学習工学

［著］

早稲田大学

吉岡信和

早稲田大学

鷲崎弘宜

北陸先端科学技術大学院大学

内平直志

武蔵大学

竹内広宜

科学情報出版株式会社

まえがき

本書の執筆を始めたときは、ちょうど新型コロナウィルスが広がり始めた頃であった。当時はこの新しいウィルスがどのような特徴を持つものか分からず世界規模でデータの収集と分析が行われ、これまでになく機械学習が世界的にもっとも活用された時期であった。特に、通常10年以上かかるといわれるそのワクチンがわずか1年で開発できたのは、これまでの知識の積み重ねと、研究リソースが多く投入されたことの他に、機械学習によってタンパク質の構造予測を高精度で行えたことが大きい。

いまや、機械学習は、あらゆるシステムに組み込まれてきている。著者らは2018年頃から機械学習工学研究会の活動や科学技術振興機構（JST）のプロジェクトを通して、ソフトウェア技術者と対話し、機械学習のソフトウェア開発現場への普及とその活用の難しさを感じてきた。また、この4年で、機械学習をシステムに組み込む際の課題の整理やベストプラクティスの共有がかなり進んできた。本書は、それらを整理し、AIシステムの開発プロジェクトのマネージャが知っておくべきポイントを解説している。

機械学習を活用したAIシステムであっても、機械学習による推論機能は、全体システムの一部として呼び出されるいち機能である。そのため、AIシステムの開発プロジェクトでは、要求を獲得し、それを設計し、実装する従来型の演繹的な開発法と、機械学習プログラムにより、データから推論機能を構築する帰納的な開発法を混在させることになる。機械学習の開発は、本質的に試行錯誤のプロセスであり、得たい機能がうまく構築できるか、どれくらいの期間で満足する性能が達成できるかを事前に予測することは難しい。さらに、背景知識が異なるソフトウェア技術者と機械学習エンジニアの連携も容易ではない。そのため AI システムの開発プロジェクトのマネージャは、機械学習開発特有のリスクと従来の開発チームと機械学習の開発チームとの連携に伴うリスクを把握しておく必要がある。

本書では、AI システムの開発プロジェクトのマネジメントの観点と、上流工程である要求と設計を中心に解説を行っている。特に上流工程で AI システム開発特有のリスクを洗い出すことが、AI 開発プロジェクトの成功の鍵となる。一方、AI システムの実装技術やテスト技術については、簡単に触れるだけにとどめている。これらについては、多数の技術情報や書籍が出版されているので、適宜、それらの文献を参照してほしい。

最後に、本書は、JST 未来社会創造事業「機械学習を用いたシステムの高品質化・実用化を加速する“Engineerable AI”技術の開発」（グラント番号：JPMJMI20B8）およびその探索研究の成果の一部をまとめたものとなっている。本書が執筆できたのは、本プロジェクトのメンバーの協力のおかげである。特に、課題整理作業部会、およびフレームワーク作業部会のメンバーに感謝する。AI システム開発プロジェクトの課題の整理には、機械学習工学研究会での議論やアンケートが参考になった。本活動に参加いただだいた方々に感謝する。また、本書の出版の機会を与えてくれた科学情報出版およびその担当編集者に感謝したい。特に著者の遅い執筆スピードに対して忍耐強く原稿を催促してくれた水田氏に深く感謝する。

本書が、AI システムの開発プロジェクトの成功の助けとなり、AI システムの普及と発展に少しでも寄与できれば幸いである。

2023 年 1 月吉日

著者一同

• 本書に記載されている会社名、製品名等は一般に各社の登録商標または商標です。なお、本書中では、TM 及び®、© マークは明記しておりません。

目　　次

第1章　AIシステムの開発概論

第2章　AIシステムの要求工学

第3章　機械学習システムのアーキテクチャと設計

第4章　AIプロジェクトのマネジメント

第5章　AIプロジェクトにおけるステークホルダとの協働

第6章　機械学習工学の展望

執筆分担

吉岡信和：第1章、第2章、第6章

鷲崎弘宜：第3章

内平直志：第4章

竹内広宜：第5章

第 1 章

AIシステムの開発概論

1.1　概要

本書では、機械学習を用いたAIシステムを開発・運用する際の手順や活動など機械学習システムの工学的側面（機械学習工学）を解説している。本章では、その基本知識を説明する。具体的には、まず、機械学習を活用したAIシステムが発展・普及している背景について述べ、AIシステムと機械学習の開発・運用のライフサイクルについて解説する。

機械学習は、データから予測や推論の機能を構築するため、従来のプログラムを主体とするソフトウェア構築とは構築や運用の手順や考慮すべき点が異なる。そのため、機械学習特有の活動についての詳細を述べ、その開発の難しさについて解説する。著者らは、AIシステムの開発者や研究者にアンケートやインタビューを通して、その難しさを整理した。

その分析結果を説明した後、AIシステムの開発・運用を体系的に実施するための機械学習工学の重要性について述べる。

最後に、AIシステムの開発・運用時の留意点について整理する。

1.2　機械学習を活用したAIシステムがなぜ注目されているか？

近年、さまざまなシステムに機械学習のコンポーネントが組み込まれ、従来のプログラムでは実現できなかったAIシステムが活用されてきている。深層学習を始めとする複雑な構造を持つ機械学習モデルを活用することで、これまで人間にしかできなかった画像の認識や高度な自然言語処理がソフトウェアで実現可能となった。

例えば、図1.1に示すように、機械学習の画像分類の精度は2015年には平均的な人間の認識率を超えてしまった。このグラフは、機械学習の研究分野で行われた画像認識のコンテスト（ImageNet Large Scale

Visual Recognition Competition）で１位になった機械学習モデルの誤認識率の経年変化を表している。また、グラフの下には、その精度を出した機械学習モデルのアーキテクチャを示した。2012年以降一位になった機械学習モデルはすべて深層学習をベースとしており、年々その階層が深くなるに連れ画像の誤分類率が下がってきた事がわかる。

人間の誤分類率が5.1%に対して、2014年にGoogleのチームが開発した22層のGooLeNetによって7.4%の誤分類率まで下がりほぼ人間の認識率に近づいた。そして、2015年にはMicrosoftのチームが開発した152層もの深さのResNetが3.6%の誤分類率となり、ついに人間の認識率を超えてしまった。2017年にはコンテストに参加した殆どのチームが95%以上の正解率となり、機械学習モデルのベンチマークとしての役目を終え、画像分類のコンテストは終了した。

このように機械学習モデルがプログラミングでは実現できなかった機能を実現し、その予測精度が人間をも超えるまで至った理由は以下の３

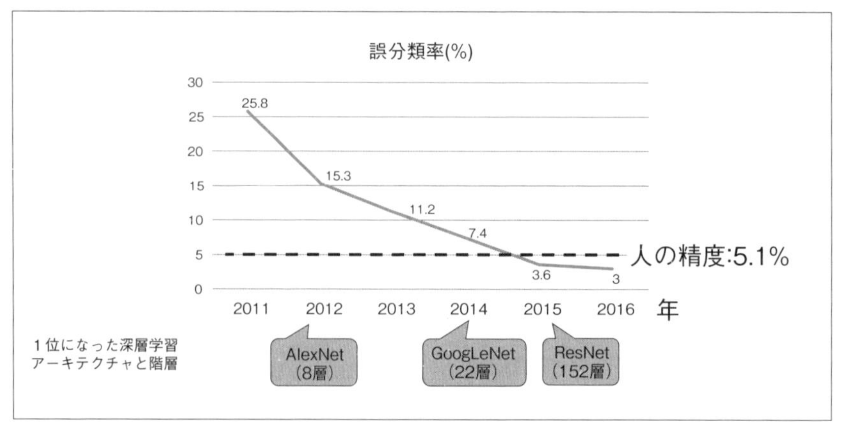

〔図1.1〕機械学習の画像分類の誤認識率は2015年に人間を超えた

つの要因がある。

(要因 1) ビックデータの広がり：IoT センサ・カメラの普及やスマートフォンに代表されるモバイル端末の浸透により、さまざまなデータがクラウドに蓄積され大量のデータを活用できるようになってきた。特に深層学習を始めとする複雑な構造を持つ機械学習モデルは、その訓練に10 万個以上など、膨大のデータを必要とする。膨大のデータを現実的なコストで収集できたことが深層学習の普及の大きな要因となった。

(要因 2) ハードウェアの高性能：低価格な GPU や高性能な CPU、またクラウドコンピューティングの普及により訓練に膨大なリソースを必要とする深層学習でも実用的な時間で訓練が完了するようになった。

(要因 3) オープンサイエンスとオープンデータの普及：機械学習の研究分野では、研究の結果や研究に使ったデータ、そして、訓練済みモデルまでもがオープンな場で共有されてきており、その活用や拡張が容易になっている。すなわち、オープンサイエンスとオープンデータが研究の発展に大きく寄与している。

先に紹介した ImageNet では、1,400 万枚を超える画像が正解ラベル付きで公開され、自由に研究に活用できる状態になっている。近年では、Berkeley DeepDrive BDD100k[*1] など自動運転のための膨大なデータが多数

[*1] http://bdd-data.berkeley.edu/

[*2] https://modelzoo.co/

整備されてきている。また、ModelZoo[*2]というサービスを通して訓練済みモデルのパラメータを共有し、その活用が進んでいる。

加えて、近年は機械学習を行うためのライブラリやツールが急速に整備され、機械学習の専門家ではない一般のエンジニアでも手軽に機械学習を活用できる様になってきており、多くのシステム開発プロジェクトで活用が進んできている。

これらの背景により、機械学習を活用した AI システムがさまざまな分野で開発・運用されつつある。

1.3　AI システムの具体例

深層学習を始めとした機械学習は、特に画像に関して人間よりも正確に識別できるようになり、自動運転の物体検出やレントゲン映像からがんを発見する医療診断に利用できることが分かり、安全性が求められるシステムにも組み込まれてきた。

機械学習は、自動運転や医療以外にもあらゆる業界のシステムに組み込まれてきている。AI 活用地図 [1] には、各業界で機械学習が活用されている事例を紹介している。以下に各業界での典型な事例を示す。

- 流通業：商品需要予測に基づく在庫管理
- 製造業：製造物の品質検査
- 金融業：クレジットカードの不正利用の検知
- サービス業：サービス・商品のリコメンデーション
- インフラ業・公共：画像データによる設備の異常検知・劣化検知
- ヘルスケア：混合物を最適化することによる創薬の効率化

分析シナリオ類型		概要
① 予兆発見型		行動変化や状態変化の監視による予兆の発見
② 異常検出型	不正検出型	不正・異常の定義と合致／類似する行動・状態の検出
	外れ値検出型	標準的な行動・状態の定義と逸脱の検出
③ 予測・制御型	収益シミュレーション型	業務改善による増収効果の試算
	リスク・シミュレーション型	業務のモデル化と不確実要素によるリスクの試算
	最適化型	業務のモデル化と最適化手法を用いた意思決定策の提示
	リスク・ヘッジ型	業務のモデル化とリスク分散手法を用いたリスク低減策の提示
④ ターゲティング型		見込み顧客など重点アプローチすべきターゲットの抽出
⑤ 与信管理型		顧客・企業の滞納・倒産リスクの試算
⑥ 評価・要因分析型		さまざまな対象の比較評価と改善要因の特定
⑦ マーチャンダイジング型		さまざまな視点での売れ筋ランクの作成と品揃えの決定
⑧ コンテクスト・アウェアネス型		行動履歴・嗜好の分析から一歩先回りしたサービスの提示
⑨ プロセス・トレース型		成長・発展プロセスの抽出と促進・阻害の特定

〔表 1.1〕ビックデータのビジネス活用[2]

そして、以下が目的別の AI システムの事例[*3]である。

- 売上向上：タクシー配車予測、店舗来客分析、生産量予測・生育予測（農業）、需要予測（アパレル／小売）
- コスト削減：コールセンターの自動化、点検の自動化など
- 信頼性担保：がんの検出による診断支援、原油の備蓄量分析など
- 監視／管理：電力の需要・発電量の予測、ドライバーの安全管理など

[*3]【保存版】課題から探すAI・機械学習の最新事例52選：https://sorabatake.jp/11124/をもとに分類した。

- 人員不足解消：配達ルートの最適化、レジでの商品自動識別など

BI革命[2]では、表1.1のようにビックデータを分析するシナリオ別にどのようにビジネスに活用できるかを分類している。

1.4　機械学習の種類と説明可能性

機械学習には、正解となるデータを与えて学習する教師あり学習、正解を与えずに法則や規則性を学習する教師なし学習、そして、試行錯誤の中で最適な選択肢を学習する強化学習の3種類ある。図1.2に、それぞれの機械学習の代表的なアルゴリズムを示す。本書では、この中で、主に教師あり機械学習を活用したAIシステムを扱う。

機械学習は、データから何らかの予測・推論する機能（関数）を自動導出する。この導出された機能がどのような判断を行っているかを人が説明できるかの度合いを機械学習の説明可能性という。人が説明できる可能性が高いものほど、説明可能性が高い機械学習アルゴリズムとなる。

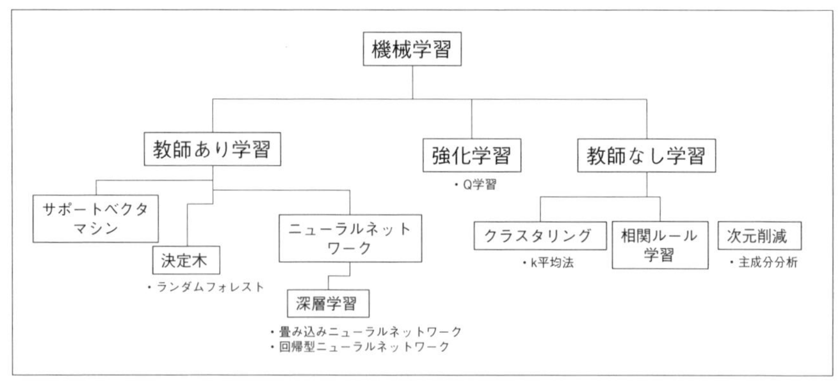

〔図1.2〕機械学習の種類

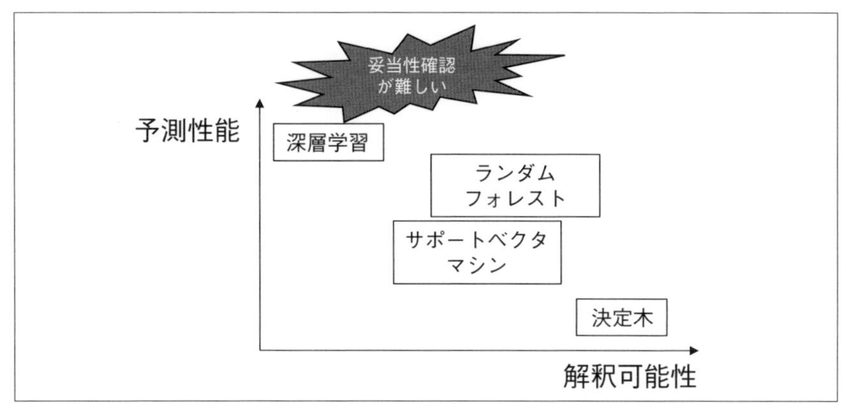

〔図1.3〕機械学習の説明可能性と予測性能の関係

図 1.3[*4] に示すように、一般に、この説明可能性と予測性能は相反する関係がある。深層学習のように予測性能が非常に高いアルゴリズムは、非常に多くのパラメータが設定された複雑な関数が自動導出され、その意味を正確に説明することはほぼ不可能である。機械学習の説明可能性を高める研究として XAI（eXplainable AI, 説明可能な AI）の分野があり、近年活発に研究がされているが、DNN（Deep Neural Network, 深層学習）の説明可能性を上げることは難しく、出来上がった機能の妥当性を検証する障害になっている。そのため機械学習を使った AI システムの要求として、説明可能性の必要性について予め考慮する必要がある。

1.5　機械学習を使う場面

どのような機能の実現にも機械学習が有効なわけではない。機械学習は、データの収集・加工のコストが掛かり、訓練済みモデルの説明可能

[*4] https://towardsdatascience.com/explainable-ai-the-data-scientists-newchallenge-f7cac935a5b4を参考に作成

性が低い場合、その妥当性検証にもコストが掛かったり事実上困難な場合もある。さらに、所望の性能を出す訓練済みモデルの構築にどのくらい工数が必要かの予測も困難である。そのため、プログラムにより実現が可能な機能は従来通りプログラミングにより構築するほうが、システム開発プロジェクトのマネジメントの観点では望ましい。

一方、AIシステム開発プロジェクトにおいて、機械学習を採用する場面は、プログラミングが難しい機能を実現したい状況である。例えば、従来は人間のオペレータが行っていた画像の確認などの処理で、アルゴリズムに書き下すことが困難な場合である。そのような場合でも正解のデータを多数揃えることができれば、機械学習の手法により、それを実現する機械学習モデルが構築できる可能性がある。

例えアルゴリズムが正確に書き下すことができる場合であっても、計算に膨大な時間やリソース・情報が必要な処理を、機械学習により軽量な計算式に書き換えることが可能である。例えば、流体モデルの計算や物理シミュレーションの計算である。物理シミュレーションのための計算モデルは存在するが、これを正確に計算するには計算量が多くなりすぎて気象予測やリアルタイム予測には使えない場合が多い。そのような場合、機械学習の訓練アルゴリズムにより、計算量が少なく、実用的な予測精度を持つ計算式を導出することが可能である。

近年では、アルゴリズムと機械学習によるヒューリスティックな計算を組み合わせて、シミュレーションの計算効率を向上させる方法の活用が進んでいる。

1.6 AIシステムの構成とそのライフサイクル

本節では、AIシステムの構成、機械学習プロセスとソフトウェア開発プロセスの関係について述べる。

一般に機械学習を活用したAIシステムには機械学習で構築された訓練済みモデルを含む機械学習コンポーネントが組み込まれている（図1.4）。複雑なAIシステムにおいては、複数の機械学習コンポーネントを組み合わせて構成する場合があり、オープンソースになっている自動運転システムには28個の機械学習モデルが使われている[3]

機械学習は、訓練プログラムやテストプログラム、そしてデータを分析・加工するプログラムを使って行い、機械学習の訓練のためのプログラムは、その周辺のプログラムに比べごく一部になっている。そのため機械学習を活用したとしても、プログラムの品質を担保することはAI

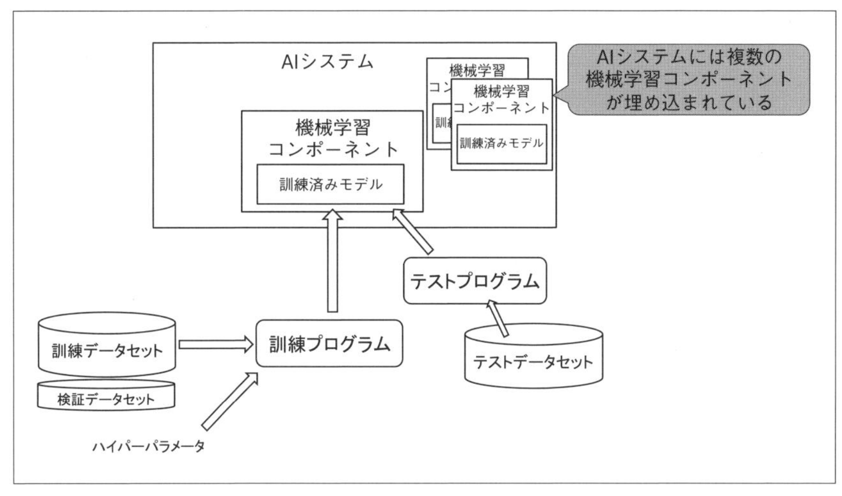

〔図1.4〕機械学習はシステムの一部の機能として埋め込まれる

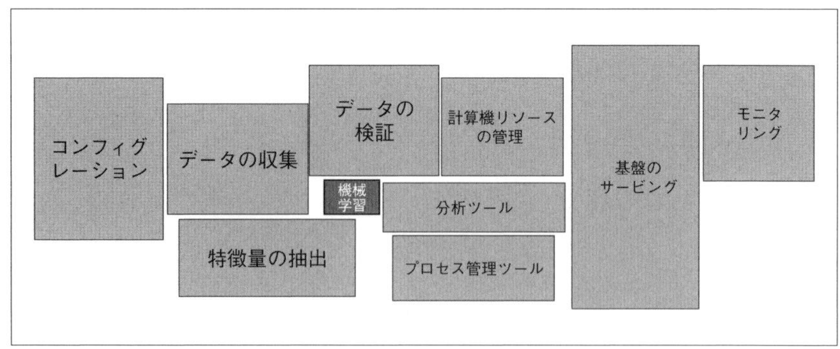

〔図1.5〕機械学習はシステムの一部の機能として埋め込まれる（参考文献［4］をもとに作図）

システムにとって重要である。

Sculleyらの文献[4]では、機械学習と周辺のプログラムのコード量を図1.5のように四角形の面積で表している。この文献によると機械学習そのもののコード量より、データの収集、検証、特徴量の収集、分析などデータに関するコードも多く、サービングやプロセス・リソース管理、モニタリングなど、運用時に関するコード量も多くなっている。

それは、機械学習においては、運用時も含めた機械学習モデルの改善（MLOps）が重要であることを示唆している。MLOpsについては、3.2.2節に詳細を述べる。

図1.6にAIシステムと機械学習の構築・運用のためのプロセス（ライフサイクル）を示す。AIシステムのプログラム部分の開発と機械学習の訓練済みモデルの開発は並行して開発が進むことが多い。これは、プログラム部分をソフトウェア技術者が担当し、機械学習を機械学習エンジニアが担当するなど担当するチームが異なる場合があるため、それぞれの開発プロセスが異なる事が多いためである。

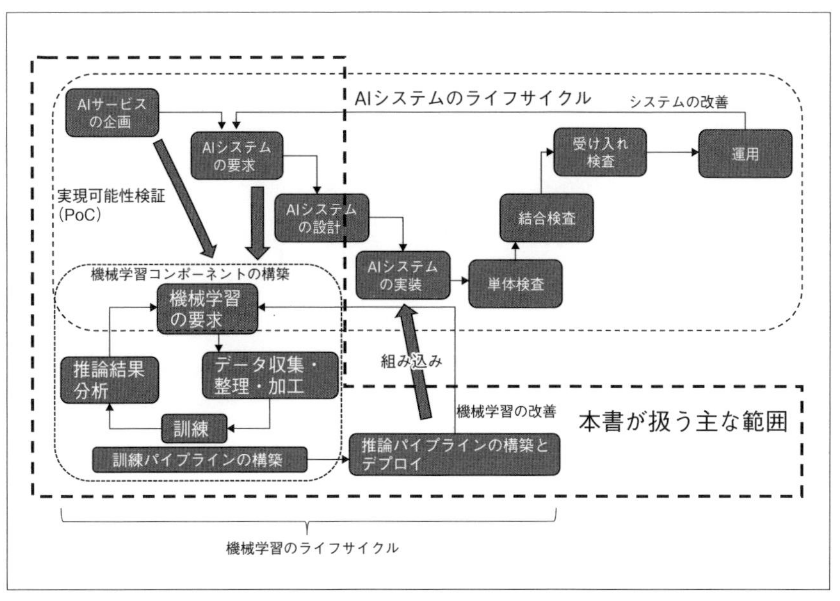

〔図1.6〕AIシステムと機械学習の構築・運用のためのプロセス

具体的には、プログラム部分はシステムの要求を決めてから設計・実装・検査などのプロセスになることが多い場合に対して、機械学習は試行錯誤の繰り返しにより要求を随時見直すなど、両者のプロセスが必ずしも一致しないためである。しかしながら、AIシステム全体としては一貫した要求の規定や受入検査をする必要があるため、これらの２つのプロセスは適宜すり合わせる必要がある。

多くのAIシステムの開発プロジェクトでは、AIシステムの要件を定義する段階で、機械学習の機能の実現可能性を確認する概念検証（PoC, Proof of Concept）を実施することが多い。詳しくは4.3節で述べる。

本書で主に取り扱うプロセスは、AIサービスの企画からそのサービスを実現するためのAIシステムの要求、そして機械学習機能の構築、それを組み込んだ機械学習システムのアーキテクチャ設計、そして運用のパターンである。

1.7　AIプロジェクトの利害関係者と協働作業

本書ではAIシステムの開発・運用に関わる主な利害関係者（ステークホルダ）として以下を想定する。

- 問題領域の専門家：AIシステムを導入する問題領域やビジネス領域の専門家、工場の検査員などそこで扱うデータについての知識を持つエンドユーザも含まれる。また、公平性を考慮する必要がある場合、公平性の専門家となる法律家も含まれる。
- 機械学習エンジニア：機械学習のためのデータの収集や特徴量エンジニアリング、訓練済みモデルの構築を行う。さらに、そのための基盤（訓練パイプラインや推論パイプライン）を構築する。
- ソフトウェア技術者（開発者）：AIシステムの機械学習モデル以外を開発する技術者
- システム運用者：AIシステムを運用する技術者
- エンドユーザ：AIシステムを利用するユーザ

この他にも以下のステークホルダが考えられる

- システム発注者：AIシステムの構築を発注する組織
- 要求分析者：AIシステムの要求を分析、決定する技術者
- データエンジニア：データを組織内で活用する基盤を構築する

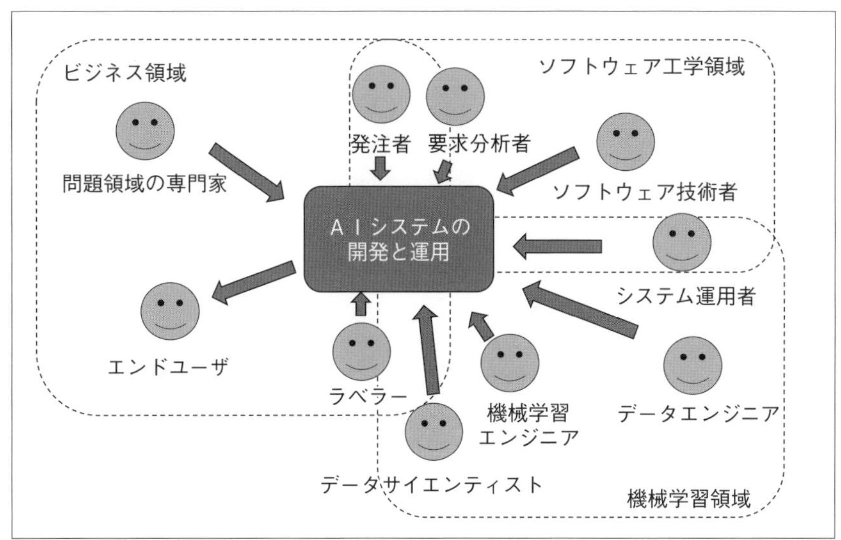

〔図1.7〕AIシステムのステークホルダは複数の領域にまたがり多岐にわたる

- データサイエンティスト：データの収集、解釈、機械学習モデルの訓練に特化した人材[*5]
- データのラベラー：教師あり学習ためのデータに正解のラベルをつける人

図1.7に示すようにAIシステムのステークホルダはビジネス領域、ソフトウェア工学領域、機械学習領域の3領域にまたがり多岐に渡る。そのためAIシステムを適切に開発し、運用するためには、複数の分野の人々が連携する必要があり、機械学習を用いない従来型システムよりもステークホルダ連携がそのプロジェクト管理の鍵となる。ステークホ

[*5] データサイエンティストは、データの分析及び訓練済みモデルの構築まで行い、それを実行するためのパイプラインの構築は機械学習エンジニアが担当するという役割分担もある。

ルダ連携については5章で解説する。

1.8　機械学習特有の活動

教師あり機械学習のための機械学習機能を構築・運用するためのプロセスを図1.8に示す。

以下がそれぞれの活動の内容である。

- 訓練済みモデルの要求を決める：機械学習のモデルの入力となる特徴量の決定をし、訓練アルゴリズムの選択をする。
- データの収集：訓練のためのデータセットの収集、既存システムから収集したり、新しいAIシステムのために独自に収集したり、公開されているデータセットから選択する。
- 正解データの作成：データに対して正解（予測・推論の出力）となるラベルを割り当てる。例えば、犬の写真からその犬種を推論するクラ

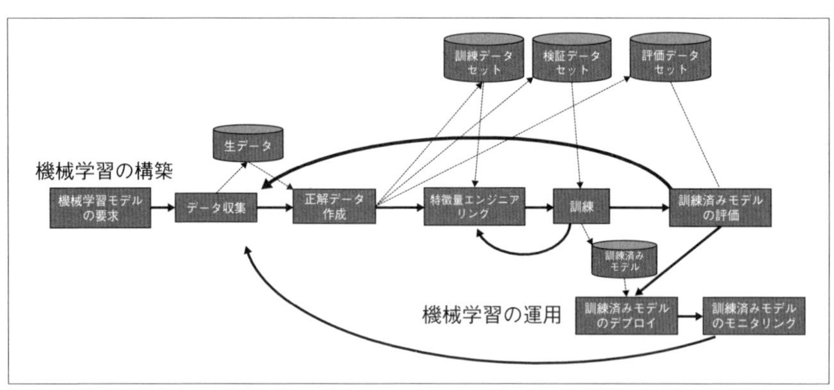

〔図1.8〕機械学習コンポーネントの構築・運用のためのプロセス

ス分類を訓練する場合、データである犬の写真に対して、その犬種をラベルとして割り当てる。これをラベリングという。ラベルの割当は、地価の予測のように、過去のデータを見て自動で割り当てられる場合もあれば、犬種のように人がデータを確認して割り当てる場合もある。人がラベリングする場合は、間違わないように注意する必要がある。

- 特徴量エンジニアリング：機械学習モデルが何かを予測・推論するための判断基準になる説明変数を特徴量という。特徴量エンジニアリングは、システムが取得したデータ（生データ）から機械学習モデルの特徴量に変換することである。この変換には、数値のスケーリングや週の名前など文字列で表されるカテゴリ型データに数字を割り当てる、外れ値を削除する、欠損値を埋めるなどがある。深層学習アルゴリズムを使うと特徴量が自動的に抽出されるため特徴量エンジニアリングのコストが軽減できる。
- モデルの訓練：訓練データセットと検証データセットを使い、訓練アルゴリズムで訓練済みモデルを作成する。訓練は、訓練データセットを特定の数で区切って行い、過学習を防ぐ。訓練データセットを一通り使った訓練をエポックと呼ぶ。
- 訓練済みモデルの評価：エポックごとに評価データセットで予測の精度を測定する。評価データセットは、訓練結果の汎化性能を測定するため、原則訓練データセットとまったく異なるサンプルの集合になっている必要がある。エポックを繰り返しても予測精度が上がらなくなった時や必要な精度が得られた場合に訓練を終了する。エポックを繰り返しても必要な精度が出ない場合は、ランダムフォレストにおける木の数や深層学習における階層の深さなど訓練アルゴリズムのハイ

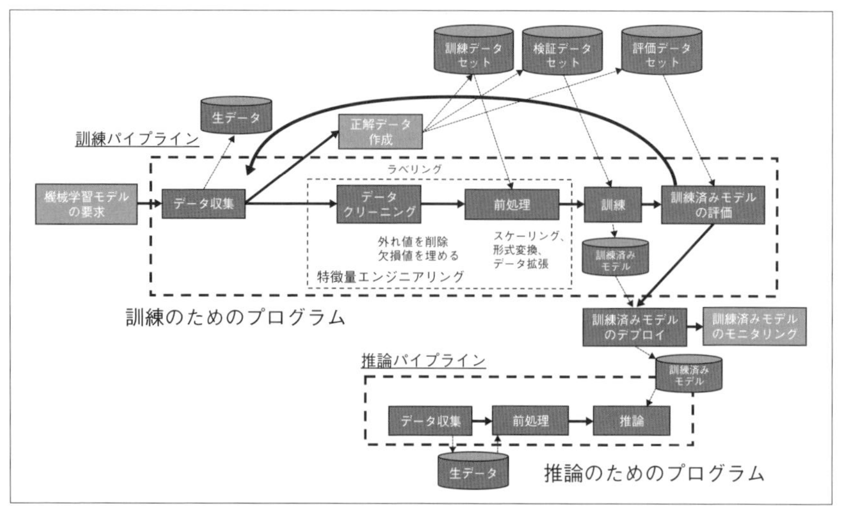

〔図1.9〕機械学習の訓練パイプラインと推論パイプライン

パーパラメータを調整して訓練をやりなおしたり、モデル入力となる特徴量を変更し直すなど試行錯誤が必要なことが多い。

- 訓練済みモデルのデプロイ：機械学習のアルゴリズムが導出した訓練済みモデルをシステムで利用するために、クラウドやクライアントなど運用環境に配置する。
- 訓練済みモデルのモニタリング：訓練済みモデルが期待する性能を維持しているかどうかをモニタリングする。データドリフトなどデータの傾向が訓練時と変わった場合は訓練済みモデルを作り直す再訓練が必要となる。

ここで、特に機械学習の訓練のためのプログラムを訓練パイプラインと呼び、訓練済みモデルを運用時にAIシステム中で推論機能として使うためのプログラムを推論パイプラインと呼ぶ（図1.9）。推論パイプラインでは、システムの運用時に得られたデータ（生データ）に対して、訓練パイプラインと同じ前処理を施し特徴量に変換した後、訓練済みモデルを使って推論を行う。

1.9　従来のソフトウェア開発との違い

従来のソフトウェア開発のライフサイクルとの違いは、データから機械学習プログラムにより訓練を行い、ソフトウェアモジュール（訓練済みモデルを含む機械学習コンポーネント）を構築・運用する活動が追加される点である。

ソフトウェア開発は、V字モデルやアジャイル開発が行われることがおおく、機械学習プロセスの活動と作りたいソフトウェア全体の開発プロセスをどのようにすり合わせるかを考える必要がある。

この場合、機械学習を用いないソフトウェアの開発プロセスと、機械学習プロセスとの以下の違いを考慮する必要がある。

- （発見的プロセス）どのようなデータを訓練に使うか、訓練アルゴリズム、アーキテクチャ、ハイパーパラメータを選択するかなどの訓練方法・手段に多数の候補が存在し、最適な方法を見つけるために試行錯誤を中心とした発見的なプロセスとなる。
- （データ中心プロセス）訓練済みモデルを所望の品質にするために、多くの活動をデータの収集、加工、特徴量の選択に費やされるため、データの管理が重要になる。
- （実現可能性の不確かさ）訓練済みモデルの品質が訓練データやその加工・選択方法、訓練アルゴリズムに大きく依存し、最終的にどれくらいの品質になるのかの予測が困難である。

- (ステークホルダの協働) 機械学習プロセスの多くは機械学習の専門家であるデータサイエンティストが行うことが多く、それ以外を開発するエンジニアとの協調作業を必要とする。
- (運用時のモニタリングが重要) 訓練済みモデルの品質は、入力データの傾向に依存し、開発時に想定した入力データの傾向と実際の入力データとギャップがある場合、想定した性能が出ない。入力データの傾向を事前に予測するのは難しく、かつ、その傾向が時間とともに変化することも多いため、運用時に訓練済みモデルの性能をモニタリングし、想定と合致しているかどうか確認することが重要になる。

訓練済みモデルの品質がソフトウェアシステム全体の仕様に影響する場合、ソフトウェア開発の早い段階で、利用する訓練済みモデルに関して、必要となる品質が担保できるのかのシステムの実現可能性を確認することが望ましい。そのため、多くの機械学習応用システムでは、概念実証 (PoC, Proof of Concept) として、訓練済みモデルの品質を予測する活動をソフトウェア開発の初期段階に行っている。機械学習品質マネジメントガイドライン[5]には、ソフトウェア開発プロセスと機械学習プロセスとの関係についていくつかパターンを例示している。

機械学習プロセスが、発見的プロセスであることから、アジャイル開発と組み合わせることも多い。また、運用環境で訓練済みモデルの品質を確認し、入力データに関する想定が妥当であるかを確認するためにも、早い段階でソフトウェアを実際に運用するアジャイル開発のプロセスが相性がよい。詳しくは、3.2.2 節で述べる。

1.10 AI システムを開発、運用する際の課題

著者らは 2018 年に機械学習工学研究会にて、全国の機械学習システムのエンジニアおよび研究者に対して、機械学習システムを開発・運用する際の課題に関してアンケート調査を行った[*6]。さらに、2019 年には科学技術振興機構のプロジェクトの一貫で、機械学習システムのエンジニアに課題の詳細に関してインタビュー調査を行った。本節ではその概要を解説する。

アンケート調査に関しては以下の通り 2 回にわたり実施した。

- アンケート集計方法：Web のフォームによる記入
- アンケート配布方法：機械学習工学研究会、ソフトウェア工学関連の研究会、人工知能学会、データサイエンティスト関連のメーリングリ

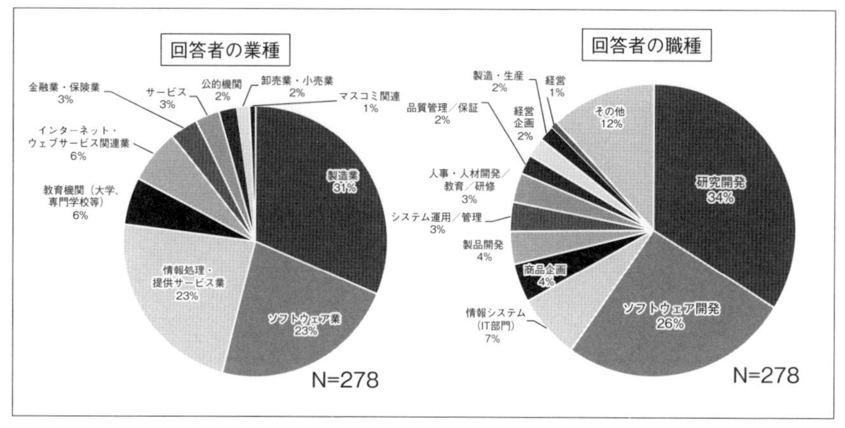

〔図1.10〕アンケートの回答者の業種と職種

[*6] 調査結果の詳細は、https://sites.google.com/view/sig-mlse/発行文献/ で公開している。

スト、SNSで案内を通知

- アンケート実施期間：第1期：2018年6月11日－6月24日、第2期：2018年7月5日－7月22日

その結果、第1期には109、第2期には169の有効回答数を得ることができた。アンケートの回答者の業種と職種を図1.10に示す。回答者の業種は製造業、ソフトウェア業、サービス業が多く、研究開発およびソフトウェア開発に携わる人が多かった。

また、ソフトウェア開発と機械学習の経験については、図1.11のような回答を得た。回答者の半数以上は、ソフトウェア開発に6年以上携わっている反面、機械学習に関する経験は75%弱が3年以下となっており、機械学習を最近利用し始めたソフトウェア開発エンジニアが多く含まれていることが分かる。

これらの回答者に対して、機械学習を使ったAIシステムの開発・運

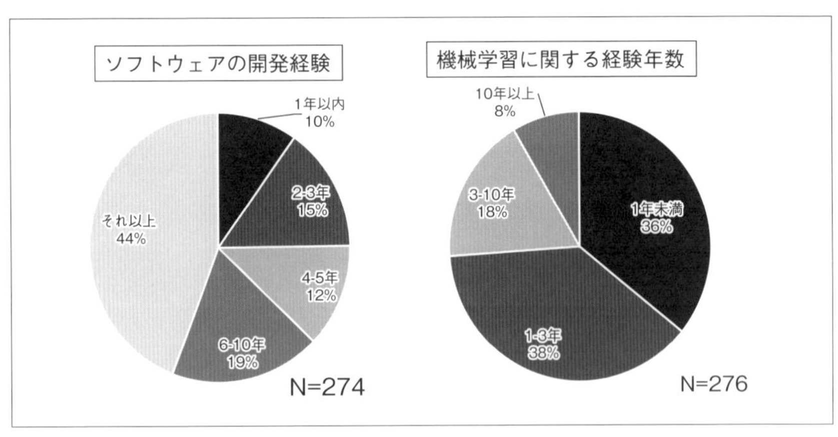

〔図1.11〕アンケートの回答者のソフトウェア開発と機械学習の経験

用の各工程に関して従来と比べて課題はあるかを尋ねた結果が図 1.12 である。

その結果、開発運用に関して顧客と行う意思決定が、「これまでの考え方がほとんど通用しなくなるので、根本的に異なる新たな考え方を用いる必要がある」という回答が最も多く、AI システムの要求に関して課題が多いことがわかった。次に課題が多い工程が、テスト品質の評価・保証である。これら２つの工程は、40% 近くが根本的に異なる新たな考え方を用いる必要があると認識していることが分かる。

さらに、AI システムの品質特性に関して過去のプロジェクトで重要になった品質特性と、今後のプロジェクトで重要になると思われる品質特性に関して質問したところ図 1.13 の結果となった。

この結果、過去も将来も機械学習の出力に対する納得性や説明可能性

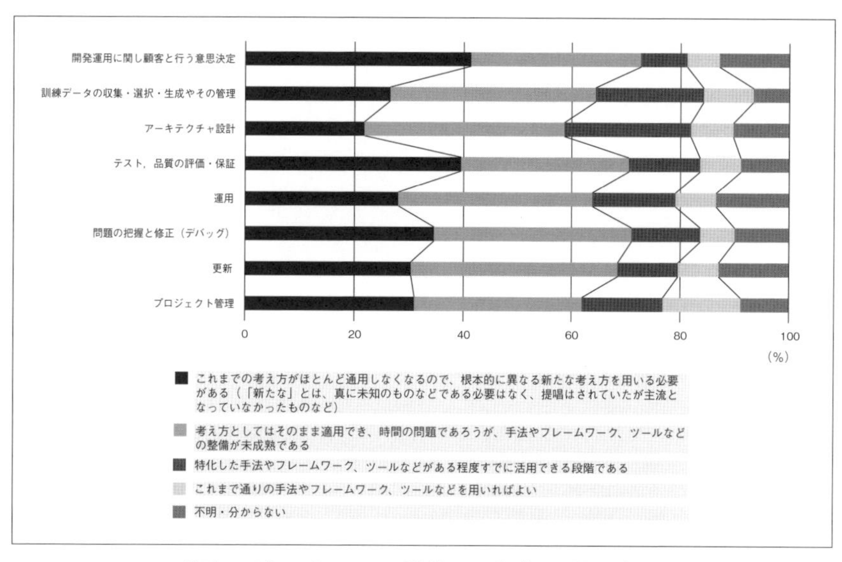

〔図1.12〕AIシステム開発の工程毎の課題意識

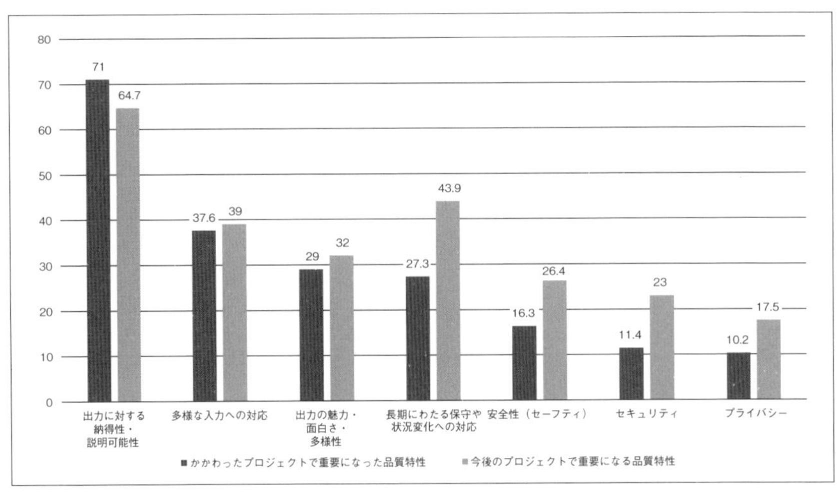

〔図1.13〕AIシステムの品質特性の重要性に関する現在と将来の見通し

が重要であると認識している回答者が最も多く、機械学習の解釈可能性の低さが品質の評価や保証の難しさにつながっている原因の一つと言える。

また､長期に渡る保守や状況変化の対応や､セーフティやセキュリティ、プライバシーなどが、今後従来よりも重要になるだろうと予測する回答者が多かった。これは、これまでリリースしたAIシステムがコンセプトドリフトなどの状況変化に対応する必要性があるためであろう。そして今後AIシステムがセーフティやセキュリティのクリティカルな領域に浸透することを示唆していると思われる。

以下が、課題に感じる理由についての自由記述の回答例である。

- 機械学習も理解できておらず、特に成果への期待が高すぎると感じます。

- 不確実性が問題となる。
- どの部分が不確実であるかを把握し、どのようにコントロールして品質を担保すべきかがよく分かっていないため。
- なぜ上手くいくのかが説明しにくいため、挙動の安全性の担保が難しいため。
- 出力の根拠を明確にすることが難しいため、見逃しがあったときの原因と対策について、顧客への説明が難しい。

1.11　AI システム開発プロジェクトにおける課題のインタビュー

前節で説明したアンケート結果を受けて、著者らはこれらの具体的な課題の内容を整理するため、2019 年 2 月に大手機械学習開発ソフトウェアベンダー 2 社と大手機械学習システムのユーザ企業 2 社に対してインタビュー調査を行った。

この結果、品質の評価・保証の難しさに関しては、以下のような課題があることがわかった。

- 概念検証（PoC）の時と異なるデータセットが運用時に利用されることがある。本番時に PoC のときに想定していなかったデータが入ってきた場合に、ベンダーとしての対応が難しい。
- 精度が違った場合の対応についても運用の契約に盛り込むようにしている。データの入れ替えによって以前の挙動が変わっていることもあるということを理解してもらうように努めている。
- AI システムの安全の考え方に関する体系的なものが欲しい。例えば、フレームワークがあると良い。また、品質につながるデータの分布がどうあるべきなのか、また、データをどういう観点で評価すれば良いのかなど、指標が欲しい。

さらに生産性の向上に関しても以下のように作業者に依存しているという課題があることが判明した。

- ドキュメント、技術移転、引き継ぎ。システムの場合はUMLなど言語レベルのサポートがあるが、機械学習ではまだそういうものがない。何をすればこうなるか、作られた過程が残っていない。作った意図が後世に残せないことは大きな課題である。
- インプットデータとアウトプットデータが1：1に対応していないものなので、どのような設計方針で作っていけば良いのかという指針が欲しい。現時点では人のスキルに任せて問題解決をしている傾向にある。もっと、科学的なアプローチが必要と考えている。
- 訓練に必要なデータの取り方に関するガイドラインを策定している。ただし、社外秘である。最先端の研究成果を取り入れる場合もあるが、現時点では量産チームの経験則を積み上げた形のものである。

本インタビューから得られた内容をもとに、機械学習システムの開発・運用に関する研究課題を以下にまとめる。

データや学習したモデルの品質保証：
現状はまだ各社とも良いデータを集めること、学習モデル、分析ロジック、学習アルゴリズムの正しさを判定することに対しては個別に対応している状況である。汎用的な基準や指針を求めている。特定の会社からは安全性という観点からさらに一歩踏み込んだガイドラインを求める声もあった。

データやモデル、技術の引き継ぎ：
一般のシステム開発では設計データや試験データ等を決められた形で残し、後々の運用・改善時に役立てるケースが多いが、機械学習を応用したシステムでは、そもそも何をどういう形式で残せば良いかというガイドラインが十分には整備されていない。ドキュメントを残すことは必要、しかしそれだけで十分とは言えないという声が各社からあった。

説明可能性：
作成した機械学習モデルが誤った答えを出す場合もある。そうした場合、原因の把握は容易ではないと各社は語っている。多くの機械学習アルゴリズムは、教師データを使って学習し、“ブラックボックス”内で予測を行うため、その過程をたどることが難しい。一社以外は、この説明可能性に関する科学的なアプローチを強く求めていた。一社は必ずしもこの点を求めていないわけではないが、検査装置を自社主導で現場（工場）を巻き込みながら開発しているという特殊な状況にも寄るところもある。

ルールベースと機械学習の融合：
説明可能性の観点から、ルールベースシステムと機械学習を融合するというアプローチを取るケースもあるという。それぞれの特徴を活かしつつどのように融合、組み合わせていくかは一つの研究課題と言える。

1.12　機械学習工学とは？

ソフトウェアを体系的に開発・運用し、保守するために、それに関する知識や技術、手法の整理や、それを実践するツールを構築することを目的とした学問をソフトウェア工学という。

これに対して、本書では機械学習を活用したAIソフトウェアシステムを体系的に開発・運用し、保守することを目的とした学問領域を機械学習工学と呼ぶ[*7]。

本書では、機械学習工学を以下のように定義する。

機械学習をシステムのいち機能として用いたAIシステムを開発・運用するための工学技術のこと

また、ここで、機械学習を用いた機能は、予測、分類、推薦、意思決定、異常検知など、判断のためのアルゴリズムやルールの記述が困難な機能を実際のデータに基づいて判断を自動導出した機能とする。

機械学習工学の範囲を図1.14に示す。機械学習工学は、AIサービスの価値を示したビジネス企画から、それを実現するAIサービスの構築、そして、そこに組み込まれる機械学習機能の構築・運用に関する工学技術が含まれる。

[*7] 機械学習工学という用語は最初に丸山氏が参考文献[6]において提唱した。

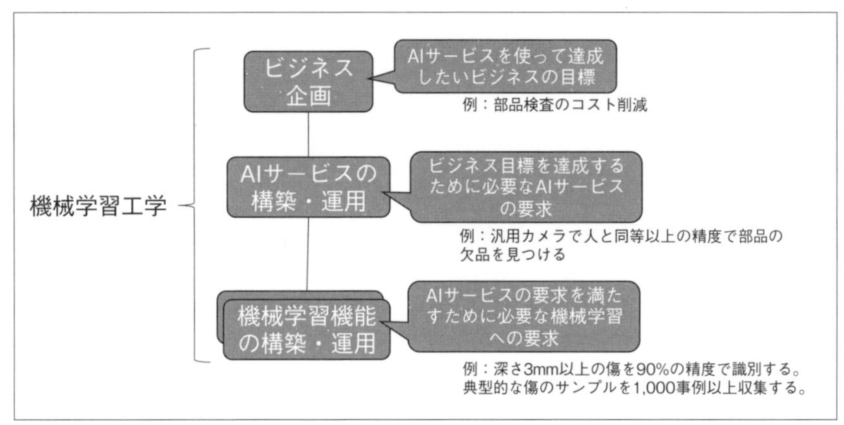

〔図1.14〕機械学習工学の範囲

1.13　機械学習工学の重要性

1.2 節で述べたように、計算機の処理能力の向上、IoT や Web サービスの普及による利用可能なデータの飛躍的な増大、そして機械学習アルゴリズムの改良により、高性能な機能が実現できるようになってきた。それにより、これまで人が判断していたことも自動化できるようになり、人の代わりに判断する高度なシステム（AI システム）が実現できるようになった。

しかし、機械学習システムは従来のシステムと開発方法が異なり、1.10 節で述べたように、従来の工学技術が通用できずに、妥当なシステムの構築、品質の担保ができない。そのため、機械学習工学の知識の体系化は急務である。具体的には、機械学習は、データから機能を構築する。そのため、データの品質が機械学習コンポーネントの品質に強く依存し、訓練した結果の予測や分類の精度を事前に予測が困難である。

機械学習の品質を上げる方法は試行錯誤に依存せざるを得ず、そのノウハウはアドホックなものが多く理論的裏付けは遅れている。また、次々、新しいノウハウが共有されている。

加えて、機械学習コンポーネントは問題分割が難しく、これまでプログラム部分の品質を担保する演繹的な方法は、機械学習に適用できない。そのため、機械学習特有の特徴に即した知識の体系化が必要になる。

機械学習システム特有の要求として、主に以下の5つを考慮する必要がある。

- 説明可能性の配慮：1.4節で述べたように深層学習を始めとする精度の高い機械学習モデルは、説明可能性が低い。安全性の検証やユーザとのやり取り上、説明可能性と精度のどちらを優先させるか、バランスさせるかを考慮する必要がある。
- 公平性の考慮：従来、人が判断していた機能をソフトウェアで実現したAIシステムでは、その判断が特定の集団や人に差別にならないかを考慮する必要がある。
- コンセプトドリフト・データドリフトの考慮：機械学習コンポーネントを運用しているうちに、訓練時のデータの特徴とずれてしまう状況になり、精度が低下することが多い。そのため運用も含めた機械学習の改善についてもシステムの要求として予め考慮しておく必要がある。
- 推論の頑健性：推論の頑健性とは、入力が少しぐらい変わった時に、まったく違った判断をしないという性質をいう。少しのノイズや外乱に対する影響が少ない推論を行いたい場合、機械学習がどのような頑健性をもつべきかを考慮する必要がある。

- 不確かさへの考慮：機械学習は、コンセプトドリフト・データドリフトが発生する可能性の他に、人の判断をソフトウェアで置き換えることに起因して、何を正解とするかといった判断に使う概念や対応すべき状況が曖昧になってしまうなど、さまざまな不確かさへの考慮が必要となる。

これらの詳細については、2章で解説する。

機械学習の品質を上げる方法を始めとする機械学習の特定の状況や問題に応じて設計上の方針や原則を具体化した形で解決策を機械学習デザインパターンとして整理することで、ノウハウを共有し、体系的に適切な解決策を選択可能になる。機械学習デザインパターンについては、3章で詳しく述べる。

一般にプロジェクトマネジメントの成功の鍵は、将来のリスクを早期に検出し、対策をとることである。機械学習を使ったAIシステムでは、機械学習特有のリスクの検出と対処が必要となる。機械学習では、実現可能性や安全性に関するリスクが高くなる他、試行錯誤による工数予測に関するリスクがある。加えて、これまで人間（オペレータ）が行っていた機能を機械学習で置き換えることによる人間とAIとの関係に関するリスクも大きくなる可能性もある。詳しくは、4章で解説する。

機械学習応用システムを開発・運用する場合の課題を整理すると以下の通りとなる。

- 機械学習アルゴリズムにより非常に複雑な判断ルールをデータから自

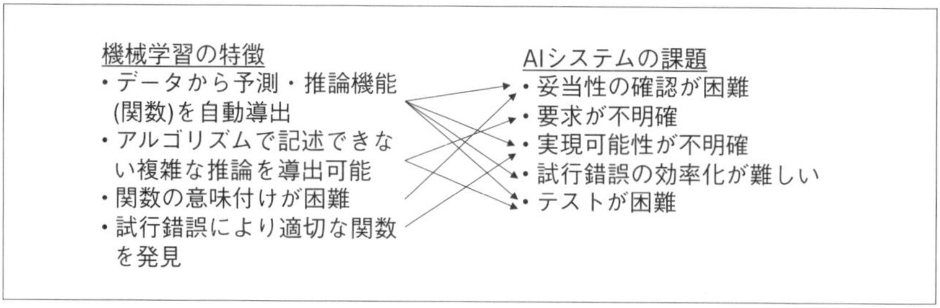

〔図1.15〕AIシステムの特徴と開発・運用における課題

動で決定するため、機能の妥当性を開発者が確認できない（妥当性の確認が困難）。

- これまで人が判断していた部分をシステムで自動化する際に、どのような状況を想定すればよいのかが分からない（要求が不明確）。
- 機械学習の訓練済みモデルの品質はデータに依存するため、どの程度の品質を想定すればよいのかが分からない（実現可能性が不明確）。
- 訓練により求める精度を達成するためには試行錯誤が必要だが、膨大なデータを利用するためデータ管理（どのデータを使ってどのような訓練済みモデルが得られたかの記録）が難しい（試行錯誤の効率化が困難）。
- 訓練に使うデータが少し変わるだけで、訓練済みモデルのパラメータが全体的に変化するため、テストを段階的に実施できない（テストが困難）。

特に開発プロジェクトの初期の要求段階では、「要求が不明確」と「実現可能性が不明確」の課題が問題となる。

図 1.15 に AI システムの特徴と開発・運用における課題を整理した。

1.14　AI システムの開発・運用時の留意点

機械学習システムの開発に関する留意点を以下に整理する。

- ソフトウェアの要件定義の際に、利用する訓練済みモデルの実現可能性を検証する。
- 早い段階で運用環境における訓練済みモデルの品質を確認し、入力データの傾向について想定と合致していることを確認する。
- リリース後に訓練済みモデルをモニター・改善するプロセスを組み込む。
- データサイエンティストとエンジニアが協調できる環境を作る。
- データ中心プロセスをサポートする環境を用意する。
- 所望する性能が実現できなかったときのリスクを考慮する。
- どのようなデータが収集できるのかが初期段階では分からないため、要求を満たすデータが収集できるかわからない、データが把握できないと要求も定まらないというパラドックスがある。

1.15　本書で用いる用語

最後に本書で用いる用語を以下に紹介する。

- 学習と訓練：データから何らかの予測やパターンを検出するソフトウェア部品（機械学習モデル）を構築することを（機械）学習と呼び、教師あり学習の機械学習モデルを構築する手順を訓練と呼ぶ。
- 訓練プログラム：教師あり学習の機械学習モデルを構築するためのプログラム

- 訓練済みモデル：訓練プログラムを使った訓練により予測やパターンを検出に最適なパラメータが設定された機械学習モデル。このとき、訓練プログラムの入力となるパラメータをハイパーパラメータとよび、予測の精度を調整するために適切なハイパーパラメータを決定することをチューニングと呼ぶ。ハイパーパラメータには、ニューラルネットワークの階層数や訓練を始める時の初期値などが含まれる。
- 予測・推論：訓練済みモデルを用いて入力に対する予測を行うこと
- 訓練データセット、検証データセット、テストデータセット[*8]：訓練プログラムで用いるデータを訓練データセットと呼ぶ。教師あり学習の場合は、予測したい正解のラベル[*9]が付けられている。構築中の訓練済みモデルの汎化性能を測定するためのデータセットを検証データセットと呼ぶ。最終的に出来上がった訓練済みモデルを評価するデータをテストデータセットと呼び、テストデータセットは、訓練データセットや検証データセットと異なるデータを用いることが一般的[*10]である。
- 訓練パイプラインと推論パイプライン：訓練プログラムを動かすソフトウェア基盤を訓練パイプラインと呼び、訓練パイプラインによって構築された推論機能を運用時に動かすためのソフトウェア基盤を推論パイプラインと呼ぶ。
- データドリフトとコンセプトドリフト：推論の入力となるデータの平均や分散などの特徴が、時間ともに変化し、訓練時の特徴を持たなく

---

*8 テストデータは評価データセットとも呼ばれることもある。

*9 正解ラベルは教師データとも呼ばれ、英語ではGround Truthと呼ぶ。

*10 物理現象の予測モデルなどをおこなう特殊な場合は、テストデータセットに訓練データセットと同じデータを使う場合がある。

なる現象をデータドリフトと呼ぶ。また、出力と入力の関係が変化し、過去に抽出した推論が使えなくなることをコンセプトドリフトという。それにより、予測精度が落ちてしまうため、新しい入力データによる再訓練が必要になる。

- 頑健性：入力の少しのノイズや外乱に対して、判断が大きく異ならない推論を頑健性の高い推論と呼ぶ。
- 公平性：機械学習の判断が特定の集団や人に差別にならないようにすることを公平性の担保と呼ぶ。

1.16 本章のまとめ

本章では、機械学習を用いたAIシステムを開発・運用する際の基本知識を説明した。AIシステムと機械学習の開発・運用プロセスの概要を説明し、機械学習特有の活動を解説した。

機械学習では、データから推論機能を構築するため、データの収集や加工、特徴量エンジニアリングなど、データに関する活動が重要になる。

また、プログラムにより構成される従来型ソフトウェアと異なり、機械学習は、試行錯誤による発見的な構築プロセスになる。さらに、AIシステムの開発には、ビジネス領域、ソフトウェア工学領域、機械学習領域など多くのステークホルダが連携する必要がある。

AIシステムは、従来のシステムと比べ、顧客との意思決定や品質の評価・保証の方法について、従来のソフトウェア工学の適用が難しい。本章では、アンケートやインタビューに基づき、AIシステムの開発する場合の課題について整理した。これらの課題の詳細については、次の章から解説する。

参考文献

[1] 本橋洋介. 業界別！AI 活用地図 8 業界 36 業種の導入事例が一目でわかる. 翔泳社, 2019.

[2] NTT データ技術開発本部ビジネスインテリジェンス推進センタ. BI（ビジネスインテリジェンス）革命. NTT 出版, 2009.

[3] Zi Peng, Jinqiu Yang, Tse Hsun Peter Chen, and Lei Ma. A first look at the integration of machine learning models in complex autonomous driving systems: A case study on Apollo. In the 28th ACM Joint Meeting European Software Engineering Conference and Symposium on the Foundations of Software Engineering (ESEC/FSE 2020), pp. 1240–1250, 2020.

[4] D. Sculley, Gary Holt, Daniel Golovin, Eugene Davydov, Todd Phillips, Dietmar Ebner, Vinay Chaudhary, Michael Young, Jean François Crespo, and Dan Dennison. Hidden technical debt in machine learning systems. In Advances in Neural Information Processing Systems, pp. 2503–2511, 2015.

[5] 産業技術総合研究所 . 機械学習品質マネジメントガイドライン 第2版. https://www.digiarc.aist.go.jp/publication/aiqm/guideline-rev2.html, 2021.

[6] 丸山宏. 機械学習工学に向けて. 日本ソフトウェア科学会第 34 回大会（2017 年度）講演論文集, 2017.

コラム 1：開発技術に関する研究コミュニティ：機械学習工学研究会

1.10 節では、AI システムを開発、運用する課題について機械学習工学研究会でのアンケート調査を紹介した。6 章では機械学習工学に関する研究の傾向や国内外の学術コミュニティについて紹介するが、ここでは機械学習工学研究会発足の経緯と活動について紹介する。

機械学習工学という名前が登場したのは、日本ソフトウェア科学会第 34 回大会[*1]における丸山宏氏（当時、日本ソフトウェア科学会理事長）の 2017 年 9 月 20 日の発表「機械学習工学に向けて」である。この論文は、優秀発表賞を受賞した。それと前後して、2017 年 8 月 31 日にソフトウェア工学に関する日本最大のシンポジウムであるソフトウェアエンジニアリングシンポジウム 2017 にて、「機械学習とソフトウェア工学」というパネル討論[*2]が催され、大変盛況であった。この盛り上がりは、参加者の Facebook に飛び火し、Facebook 上での議論が活発になり、著者もその議論に参加した。そして 9 月 6 日には勉強会を開催しようという提案がされ、11 月 8 日に第 1 回の勉強会[*3]を開催したのがコミュニティ結成の最初である。その時には 50 人弱のコミュニティであったが、5 年後の 2022 年には 3,000 人を超える巨大なコミュニティに成長した。

機械学習工学研究会（MLSE）では、機械学習システムの開発・運用に関わるさまざまな手法やツールを扱い、例えば、以下の様なトピックを議論している。

[*1] https://jssst2017.wordpress.com/

[*2] https://ses.sigse.jp/2017/program.html\#P1

[*3] https://sites.google.com/view/sig-mlse/過去の活動/2017年度/se4ml-meetup

- 機械学習プロジェクトを運用するマネジメント手法や組織論
- 機械学習システムのための要求分析、目的設計、工数見積もり手法
- 効率的な教師データの収集・整備、前処理の方法
- 機械学習システム開発を効率的に行うためのフレームワークやプログラミング言語、開発環境
- 機械学習システムの設計に用いるアーキテクチャ
- 機械学習システムのテスト・検証、デバッグ、モニタリング手法
- 機械学習システムを支えるプラットフォームやインフラストラクチャ、ハードウェア

毎年、7月の頭にMLSE夏合宿を実施し、さまざまなテーマのワーキンググループに分かれ、活発な議論が行われている他、シンポジウムや国際会議なども運営している。近年では、AI倫理と公平性についてのシンポジウムの開催やワーキンググループを設立している。機械学習工学研究会を発足した数年は、機械学習システム開発・運用時の課題の共有が主な活動であったが、2020年くらいからはベストプラクティスの共有の他、新しい研究提案の議論も増加している。これらのイベントの他、SNSのSlack[*4]でも情報共有や議論も行っているので、機械学習工学に興味を持たれた読者はぜひとも参加してほしい。

[*4] Slackの入会方法：https://sites.google.com/view/sig-mlse

第2章

AIシステムの要求工学

2.1　概要

本章では、AIシステムの要求や機械学習の要求仕様として考慮すべき観点やその分析のプロセスを解説する。AIシステムや機械学習特有の要求として、人が行っていた判断をソフトウェアが行うことによって生ずる倫理的な要求や公平性への考慮がある。特に雇用や与信に関するソフトウェアは、男女、人種などにより差別を行ってはならないという法律上の制約があり、公平性要求を考慮することは必須となる。また、深層学習など説明可能性の低い機械学習を使った場合に不都合が起こらないかどうかの説明可能性への考慮や、機械学習の推論の頑健性の考慮、データドリフト・コンセプトドリフトなどにより運用時に性能が劣化してしまうことを考慮した運用時の要求も分析する必要がある。

利用環境が複雑なAIシステムの要求を規定する際には、考慮すべきシーンが明確に定められなかったり、これまで人間が行っていた認知に関する仕様を正確に書き下せないという概念定義が明確にできないといったAIシステム特有の不確かさが起きる要因が考えられる。そこで、本章では機械学習の観点から不確かさが起きる要因を整理した。これらの要因をAIプロジェクトの早い段階で認識することで、要求の曖昧さによるプロジェクトの失敗リスクを軽減できる。

最後に要求に関するプロセスの観点で、要求の獲得と分析、記述、その妥当性と一貫性の確認、管理と運用時の要求について整理した。機械学習はデータに基づいて機能を構築するため、機能の実現可能性が本質的に不明確である。そのため妥当な要求の獲得や妥当性の確認の際には、少ないデータ、限られたデータで訓練済みモデルを構築してみる概念実証（PoC, Proof of Concept）が適宜行われる。

2.2　要求工学とAIシステム

ソフトウェアの要求工学とは、ソフトウェアに関するさまざまな要求を獲得・分析して、一貫性のある要求として定義し、それを維持、改訂するための工学領域を指す。すなわち、要求工学とは、図2.1にあるようにコンピュータで実現できる集合と実現したいことが両立する要求を導出する技術ということができる。

機械学習の研究の発展に伴い、機械学習を使ったAIシステムでできることが急速に増えている。そのためシステムを求める顧客は、機械学習で実現可能な機能についての理解不足により、過度な期待により実現できない要求が獲得される可能性が高い。実現可能な要求を定めるために、多くのAI開発プロジェクトは、その初期段階で機械学習で実現したい機能に関して、実現可能性の検証（概念検証, PoC, Proof of Concept）を行う。

さらに、機械学習を使った機能は、データから訓練プログラムを用い

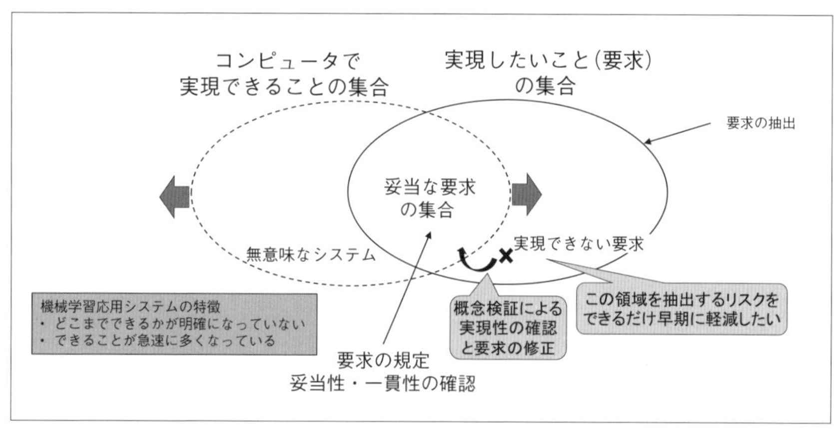

〔図2.1〕実現できることと実現したいことを両立されるのが要求工学

て自動的に構築されるため、どこまでの機能が実現できるかはデータの品質に依存し、機械学習エンジニアであってもその機能が実現できるのか、また、その時の性能を予測するのは困難である。そのような制約のなかで、AIプロジェクトでは、実現可能なAIシステムの要求を定義する必要がある。

2.3　AIシステムの要求

AIシステムは、システムを使ってやりたいこと（ビジネス目標）を実現するために構築される。そのため、AIシステムの要求には、ビジネスの要求と一貫性をもたせ、ビジネスの目標を達成するための機能や品質を具備するための必要条件を明記する必要がある。

一般にシステムの要求は、構築したいソフトウェアシステムを規定し、

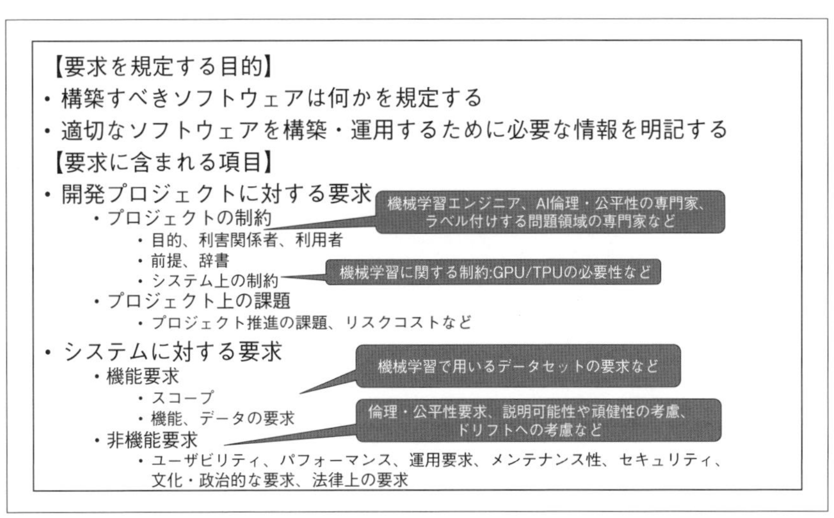

〔図2.2〕システムの要求は、適切なソフトウェアを構築・運用するために必要な情報を明記する

その構築や運用のための制約を明記している。具体的には、図2.2に示すように要求を規定する目的とともに、開発プロジェクトに対する要求とシステムに対する要求が含まれる。開発プロジェクト対する要求の項目には、システム開発プロジェクトの説明として、システム開発の目的、システム開発に関連する利害関係者、想定される利用者の情報が明記される。AIシステム特有の利害関係者として、機械学習エンジニアの他、倫理や公平性を検討するための専門家やデータにラベリングするための問題領域の専門家が必要になる。また、機械学習特有のシステム上の制約には、訓練や推論を行う際にGPUやTPUを用いることなども含まれる。

ここで規定されたシステムに対する要求に基づき、エンジニアはシステムを構築・運用する。システムは、一般に複数の構成要素（コンポーネント）を組み合わせて作られ、それぞれのコンポーネント毎に組織的に開発したり、別途調達することが多い。そのために、システムの要求を満たすために、それぞれの構成要素がどのようなインターフェースを具備すべきかを各コンポーネントが実現する機能を要求仕様として定め

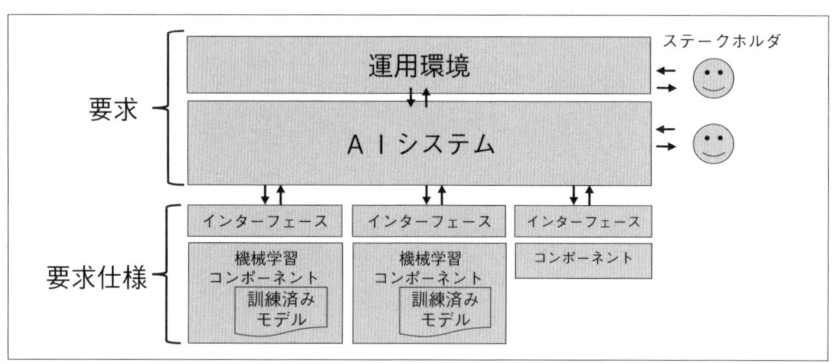

〔図2.3〕機械学習システムは、機械機習コンポーネントを組み合わせて構築し、それぞれの要求仕様をさだめる

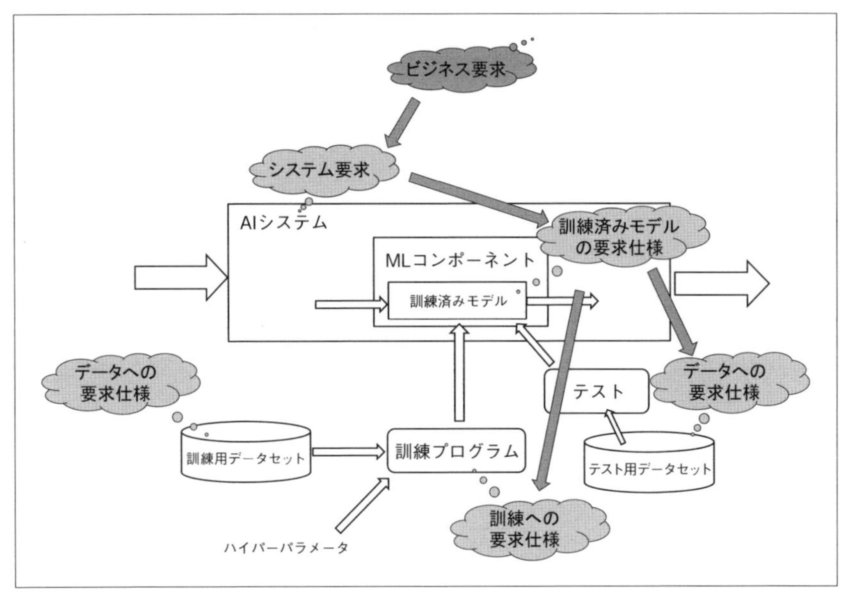

〔図2.4〕AIシステムの要求はビジネス要求と一貫性をもたせる必要がある

る。AIシステムの場合は、図2.3のように各コンポーネントが訓練済みモデルを含む推論や予測機能となり、その要求仕様を定める必要がある。

AIシステムの要求には、その構成要素の一つである機械学習コンポーネントへの要求仕様と一貫性を保つ必要がある（図2.4）。ここで、AIシステムの要求は、実現したいサービスの機能や品質を定義する。機械学習システムを使ったAIシステムの機能や品質は、機械学習で何が実現できるのか、どこまでの品質が担保できるのかに強く依存し、機械学習技術によって構築する機械学習コンポーネントのそのものの要求仕様との一貫性が重要になる。特に機械学習を利用したシステムの場合、図2.4にあるように、訓練済みモデルの要求仕様の他に、データへの要求仕様や訓練アルゴリズムへの要求仕様とも一貫性を保つ必要がある。

システムの一貫性を担保し、検証するため、エンジニアにとって要求はソフトウェア開発・運用といったライフサイクルを通して活動の要となる。さらに、要求の変更は構築・運用に対する影響が大きいため、可能な限り一貫性を保つべきである。しかしながら、機械学習コンポーネントはデータに基づき機能を構築するため、その詳細（要求仕様）を早期に定めることができないという課題があり、一貫性をもった要求を定めるのが難しい。

システムの要求には、サービスが具備すべき機能を規定した機能要求の他に、非機能要求を始めとする品質に関する要求がある。そして、品質には、サービスの利用時の品質（利用時品質）、その品質を実現するためのソフトウェアシステムの製品品質の２種類ある。図2.5にAIシステムの要求と機械学習機能の要求仕様との関係を示す[*1]。

具体的には、AIシステムの要求には、以下の項目を規定する。

- AIシステムの機能要求、説明可能性
- 品質要求：安全性・リスク回避性、有効性、プライバシー、公平性、倫理的要求、コンプライアンスなど
- 問題領域の定義
- 品質のモニタリング要求

この機械学習要求仕様には正確性、安全性、公平性といった外部から

[*1] AIシステムの要求および機械学習機能の要求仕様は、機械学習品質マネジメントガイドライン[10]を参考に整理した。

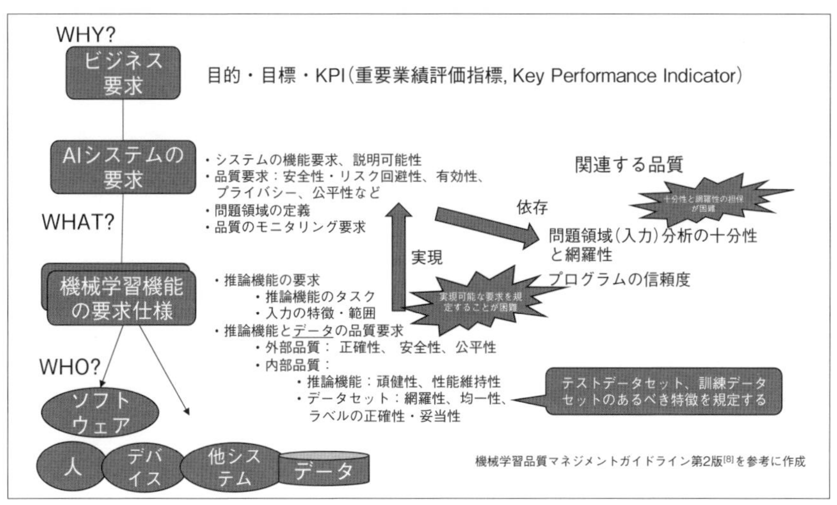

〔図2.5〕AIシステム要求と機械学習の要求仕様との関係

見た機械学習コンポーネントの品質（外部品質）の他、機械学習の開発時に考慮すべき内部品質に関する記述が含まれる。内部品質には、頑健性、性能維持性など推論機能に関する品質のほか、網羅性、均一性、ラベルの正確性・妥当性などデータセットの品質に関する要求仕様が含まれる。

この中で、公平性などの倫理的要求、説明可能性や頑健性への考慮などはAIシステム特有の要求であり、品質のモニタリング要求もデータから処理方法を導出する機械学習特有の特徴からくる要求である。詳しくは以降の節で説明する。

2.3.1　AI倫理と公平性

AI利活用ガイドライン[11]には、AI構築・運用時に守られるべき原則として、セキュリティやプライバシーの原則の他に、他者の尊厳と自律の尊重などの倫理的な側面や尊厳と公平性の原則を挙げている。近年では、さまざまな企業が人権を尊重し、倫理的に正しく振る舞うAIシステムを構築・運用する方針を謳っている。

機械学習は、データから推論のための判断を自動導出するため、その振る舞いを制御することが難しく、エンジニアが意図せず差別をしてしまうAIシステムを構築してしまうリスクがある。特にエンジニアは、倫理的側面や公平性に関して専門家ではないことが多く、そもそもどのようなことに気をつけて機械学習モデルを構築すればよいかが分らない。

実際に2016年には、マイクロソフトのチャットボットがユーザからの入力を学習し、差別的な発言をしてしまい、そのサービスの停止に追い込まれた。また、2017年にはアマゾンが履歴書から採用の可否を決定するツールを機械学習で構築したが、女性に関する情報が含まれる場合、不採用の判断をしてしまい差別を排除することができず、そのツールの開発プロジェクトを中止した。

以下が公平性や倫理的に問題がある機械学習の例である。

- チャットボット・スマートスピーカが差別的な発言をする。
- 女性が雇用・採用されにくくなる。
- 画像認識で、女性の医者が看護師に分類されてしまう。
- 自動翻訳で、男女の性別が自動判定される。医者は男性として、看護師は女性として翻訳される。
- 特定人種・地域・特定地域由来の名前の人が累犯リスクが高く計算さ

れたり、犯罪に関する情報・広告が表示される確率が高くなる。

- 特定人種・地域・特定地域の人がローンの与信が通りにくくなったり、保険料が高く計算される。

特に以下のような法律では、差別を明確に禁じているため、これらに関連した判断を行うAIシステムでは、公平性の要求を明確にすることは必須となる。

- 男女雇用機会均等法：性別、思想、信条および宗教、人種、民族、門地、本籍地、身体・精神障害、犯罪歴などで雇用を差別しない
- 米国の公正住宅法（FHA）：人種、肌の色、国籍、宗教、性別、家計の地位、障害の有無でローンを差別しない
- 米国のクレジットカード差別撤廃法（ECOA）：人種、肌の色、国籍、宗教、性別、既婚かどうか、公的補助の有無、年齢で与信を差別しない

特に、要求分析の段階で、AIシステムの特徴やデータのバイアスなどを分析し、倫理的側面や公平性に関する要求や制約を明確にすることで、機械学習モデルの構築後に不備が発見され、大きな手戻りが発生することを防ぐことができる。具体的には、以下のような3つの観点で分析する。

- 訓練に使うデータは、個人情報や秘匿情報が含まれるか？もし、含まれる場合、データの取り扱いに関する法令や規則を確認しておく必要

がある。

- 機械学習の推論に関する判断は、差別・公平性・倫理的な考慮が必要かどうか？例えば、米国の法律では、雇用に関する判断は、公平性を考慮する必要がある。
- 機械学習の推論が、差別・公平性・倫理的に問題がある判断基準で導出される可能性があるか？また、データ収集のバイアスにより差別・公平性・倫理的に問題がある判断になってしまう可能性があるか？

データのバイアスにより公平性に問題がある判断が導出される可能性がある。具体的には、以下の種類のバイアスが発生する可能性がある。

- 報告バイアス：データセットが、母集団（現実世界）を反映していない。特定のデータが偏って収集している。推論する状況における入力の母集団を十分理解できていない場合に起こりうる。
- 暗黙バイアス：倫理的に問題がある特徴量と関連した特徴量が残っている。例えば、ローンの遅延予測をする場合、その入力の特徴量をとして人種を取り除いたとしても、特定の人種が多く住んでいる地域を特徴量が人種の特徴を反映している場合がある。
- 実験者バイアス：ラベリングする人に依存して、主観的なラベリングをしてしまう。ラベリングの判断基準が主観的になりうる場合に生じる。

このために訓練データセットにこれらのバイアスがないかを分析する必要がある。

AI システムの要求において、差別・公平性・倫理的な考慮が必要な理由は、次の２つある。

- 従来人間が行っていた判断をソフトウェアが行うため
- 機械学習の場合、推論に関する判断基準は自動で導出されるため

前者は、従来は人が倫理的に判断していたため、その判断をソフトウェアが行う際には、その要求として倫理的側面を考慮する必要がある。後者は、機械学習は、自動で差別につながる判断基準が導出される可能性があることに注意する。例えば、動物を分類する機械学習機能を想定する場合、肌の色などの容姿を基準に人を動物だと推論してしまうと差別的な判断になってしまう。実際に、google フォトのサービスでは黒人をゴリラと推論してしまう事例が報告され、その後、google はゴリラを推論する機能を制限した。

どのような公平性の問題が起きるかどうかは、What-if 解析ツール[*2]などを使って利用できるデータセットにバイアスが含まれるかを分析できる。具体的には、機械学習デザインパターンの公平性レンズパターンが適用できる[9]。

要求分析の段階では、人種などどのような情報が差別と関連する情報（センシティブ属性）を整理する。例えば、上述のように男女雇用機会均等法では、性別、思想、信条および宗教、人種、民族、門地、本籍地、身体・精神障害、犯罪歴などがセンシティブ属性として規定されている。

[*2] Tensorflow What-If Toolダッシュボード（https://www.tensorflow.org/tensorboard/what_if_tool）などがある。

最終的には、以下のような公平性の評価指標を使って機械学習モデルの要求仕様とする。

- Equalized Odds：センシティブ属性によらず、真陽性（True Positive）に偽陽性（False Positive）の発生率が等しい。
- Demographic Parity：センシティブ属性によらず、同じ予測分布となる。
- Equal Opportunity：センシティブ属性によらず、真陽性（True Positive）率が等しい（偽陽性は問わない）。

そして、機械学習エンジニアは、この要求仕様を満たすように訓練を実施する。

2.3.2　説明可能性

1.4節で述べたように、機械学習データからその機能を自動的に導出するために構築された機械学習モデルの説明可能性は低い。特に深層学習のように予測性能が非常に高いアルゴリズムは、非常に多くのパラメータが設定された複雑な関数が自動導出され、その意味を正確に説明することはほぼ不可能である。AIシステムが、このような説明可能性が低い機械学習コンポーネントを利用することで問題にならないかを要求の段階で検討しておく必要がある。

一般に、特定のコンポーネントの説明可能性の低さは、開発時および利用時に悪影響を及ぼすことがある。説明可能性が低いコンポーネントを用いると、開発時にその妥当性の検証が困難になる可能性が高い。利用時には、コンポーネントで推論した結果に関する根拠が求められる場合に問題となる可能性がある。例えば、画像によるがんの自動診断の場合、医師は何を根拠にがんと診断したかを知りたいことが考えられ、深層学習など説明可能性が低い機械学習を使うと、その情報を提示するのが困難になる可能性がある。

また、高い精度が求められない推論機能の場合は、決定木など説明可能性が高い機械学習を用いたほうが良い場合が多い。深層学習など説明可能性が低い機械学習の説明や注目している特徴量を自動的に抽出するXAI（eXplainable AI）の研究が盛んに行われており、近年、その機能を呼び出すAPIやライブラリも揃ってきている。高い精度が必要なAIシステムでは、これらのライブラリの利用も検討できる。

AIシステムの要求として、求められる推論機能の精度のほか、その機能の説明可能性を考慮すべきかといったコンポーネントに対する制約を明確にする必要がある。

2.3.3 推論の頑健性

推論の頑健性とは､入力が少しぐらい変わったとしても､まったく違った判断をしないという推論の性質をいう。例えば、ノイズや外乱に対する影響が少ない推論を行いたい場合、気象条件、照明条件、センサノイズの多少の変化に対しても判断が変わらないような頑健性要求が考えられる。機械学習の頑健性の要求としては、どのような変化に対してどれくらい頑健であるべきかを規定する。頑健性の要求は、外乱が発生しても事故が起こりにくいといったセーフティ[*3]に関する要求を満たすため

[*3] 本書では意図による被害に関することをセキュリティ要求、災害やミスによる被害に関することをセーフティ要求と呼び、それらを区別する。

に必要となる。

頑健性要求に合わせ、機械学習のためにノイズや外乱を加えた訓練データやテストデータを準備し、訓練や訓練済みモデルの頑健性を評価する必要がある。

2.3.4　セキュリティの要求

機械学習特有のセキュリティの課題には以下の５種類がある[12]。

- 回避攻撃：入力を書き換えて誤判断させる。
- ポイズニング攻撃：訓練データを書き換えて故意に特定の入力に対して誤判断を起こさせる。運用時に自動で再訓練するオンライン学習を行っているシステムで発生しやすい。
- モデル抽出攻撃：機械学習モデルのパラメータや構造を推測して同じ性能を持つ機械学習モデルを作成する。
- モデルインバージョン攻撃：訓練データに含まれる個人情報を推測する。
- メンバーシップ攻撃：機械学習システムへの入力に対する出力を分析することで、特定のデータがモデルの訓練データに含まれているかを特定する。モデルインバージョン攻撃と異なり、訓練データ自体は推測しない。

図2.6に機械学習の訓練および推論パイプラインに関して、これらのセキュリティ脅威の発生箇所を示した。回避攻撃は、推論パイプラインの入力データを書き換える。それに対してポイズニング攻撃では、訓練

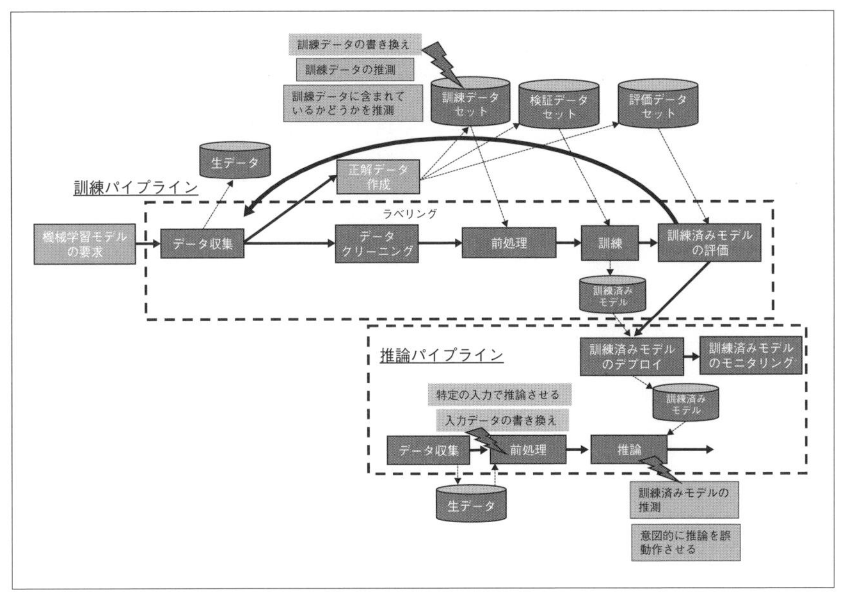

〔図2.6〕機械学習パイプラインの脅威の発生箇所

パイプラインの訓練データを書き換える。モデル抽出攻撃、モデルインバージョン攻撃、メンバーシップ攻撃は、訓練データを書き換えることはないが、複数回、特定の入力を推論させ、その結果を得ることで訓練データや訓練済みモデルに関する情報を推測する。機械学習システムを構築するときは、攻撃者によるデータの書き換えやシステムのユーザが不必要に特定の入力を推論させることがないように気をつける必要がある。

セキュリティ要求は、図2.7にあるように、これらの攻撃に起因する影響や脅威を分析し、そのリスクを評価し、必要に応じて対策方針を決定する活動が含まれる[*4]。機械学習特有の攻撃対象になるのは、機械学

[*4] この活動は機械学習システムセキュリティガイドライン[12]に基づき整理した。

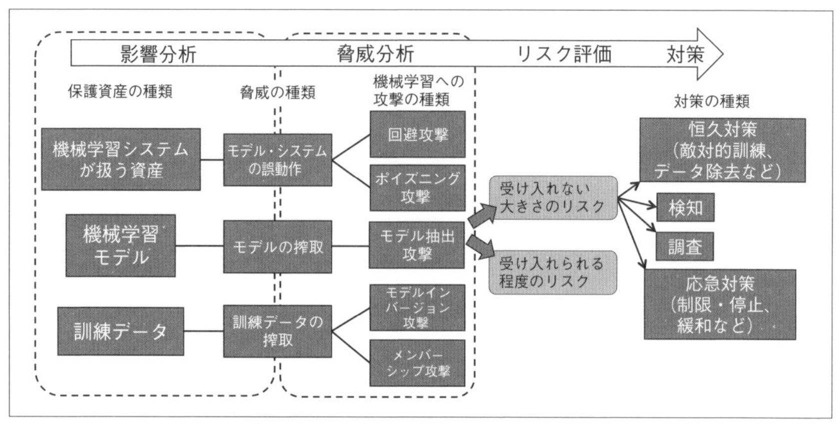

〔図2.7〕機械学習に関するセキュリティの活動

習モデルや訓練データの他にも、機密情報など機械学習システムが扱う情報資産も対象となる。

回避攻撃やポイズニング攻撃を起こす入力データ・訓練データは、敵対的標本と呼ばれる。敵対的標本は、人間にはわからない程度の軽微な入力の変更によって作成が可能であることが知られており、セキュリティの観点でも頑健性を規定する場合がある。特に近年は、特定の模様のメガネやシールを貼ることで意図した誤判断を引き起こす敵対的標本の作成方法が研究されており、機械学習システムへのセキュリティの重要性が叫ばれている。実際に、2019年には道路にステッカーを貼り付けることで、実際に販売されている自動運転システムを意図的に誤動作させることができる実験が公開され、その販売元メーカが対策を施すというインシデントが発生した。

機械学習コンポーネントについて、セキュリティ上の攻撃が起こる可能性を検討し、レビューするためのチェック項目を以下のとおりマイクロソフトが整理している[*5]。

- モデルまたはサービス API にアクセスするために認証されている顧客やパートナーは誰か？悪意のある使用が発生した場合の復旧戦略は何か？第三者がモデルを再利用して顧客に損害を与えることへの防御のために、モデルの周囲にファサードを構築できるか？
- 顧客に直接訓練データを提供するか？偽陽性とはどのようなもので、その影響はどのようなものか？
- 複数のモデル間で真陽性率と偽陽性率の偏差を追跡して測定できるか？
- モデル出力の信頼性を顧客に証明するには、どのような指標が必要か？
- オープンソースソフトウェアだけでなく、データプロバイダーも含め、機械学習に用いるデータの供給元すべてのサードパーティの依存関係を特定する。
- サードパーティ製の訓練済みモデルを使用しているか？サードパーティの機械学習構築サービスに訓練データを送信しているか？
- 類似の製品やサービスに対する攻撃に関するニュース記事が開発中の製品に与える影響はどのようなものか？

機械学習システムセキュリティガイドライン[12]では、機械学習セキュリティの専門家ではない AI エンジニアがセキュリティリスクがあるかどうかを簡易に診断するための AI リスク問診の方法を紹介している。

---

*5 https://docs.microsoft.com/ja-jp/security/engineering/threat-modeling-aiml

AIエンジニアは例えば以下の質問に答えることで開発中のAIシステムにおいてセキュリティリスクが大きくなるかを判断できるようになる。

- AIシステムの仕様として想定される入力データと類似のデータ（ほぼ同じ用途、ほぼ同じ種類・ジャンルのデータ）を、想定攻撃者が1個以上、何らかの手段で準備・入手できますか？

2.3.5　機械学習を運用する際の要求とドリフト

推論の入力となるデータの平均や分散などの特徴が、時間ともに変化し、訓練時の特徴を持たなくなる現象をデータドリフトと呼ぶ。データドリフトの例には以下がある。

- 自然言語・会話の変化：スマートスピーカの若者の利用が増えて、流行語の出現頻度が高くなる。
- 局所的な豪雨の頻度が増えて、10年前の降水予測では精度が悪くなる。

出力と入力の関係が変化し、過去に抽出した推論が使えなくなることをコンセプトドリフトという。コンセプトドリフトの例は以下がある。

- スパムメールの変化：何をスパムメールと呼ぶかの定義が変化する。
- 人の好みの変化。
- 異常が起こる要因の変化：クレジットカードの犯罪は、スマートフォンでの電子マネー利用の普及により変化している。

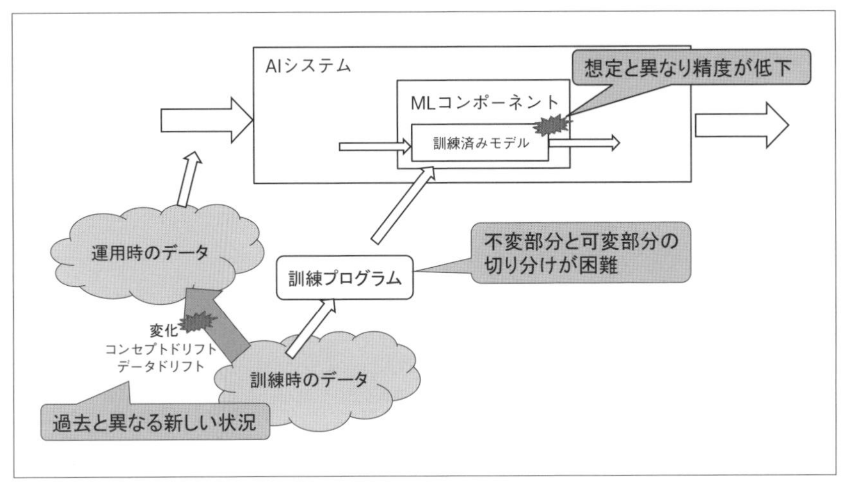

〔図2.8〕コンセプトドリフト・データドリフトへの対応

これらにより、推論の予測精度が落ちてしまうため、新しい訓練データによる再訓練が必要になる（図 2.8）。

スパムメールの例では、機械学習システムによるスパムメール判定結果が、スパムと判定されないように新しいスパムが生み出されるといった状況になりえる。すなわち、機械学習システムの出力がデータドリフト・コンセプトドリフト（以下では両者をあわせてドリフトと呼ぶ）を誘発するといった隠れたフィードバックループが生まれる可能性がある。そのようなドリフトが起こるかどうか、また、どのような頻度で起こるかにより、再訓練に対する要求が変わる。そのため、機械学習への要求仕様を決定するために、これらのドリフトに関する分析が必要になる。具体的には、ドリフトが起こる要因を整理し、その変化の速度や頻度、そして変化した場合の対応速度について考慮し、運用時のモニタリング要求として規定する必要がある。

データドリフトは、訓練時に想定したデータの統計的特徴（平均や分散）が運用時に変化していないかで確認できる。コンセプトドリフトは、推論精度の低下によりその可能性をモニタリングできる。これらの詳細は、2.10節で述べる。

2.3.6　不確かさへの考慮

Czarneckiら[1]は機械学習に関する不確かさが起きる要因を図2.9に示すように7つに分類している。機械学習を用いて状況の認識や判断を行う場合は、認識したい問題領域の概念を要求として定義し、システムの運用状況やシナリオを想定する必要がある。そして、センサから得られるデータに基づいて物体などを認識する。自動運転の場合、歩行者や車が問題領域の概念であり、歩行者が雨の中で傘を指して横断歩道を横切っているというのが想定されるシナリオとなる。

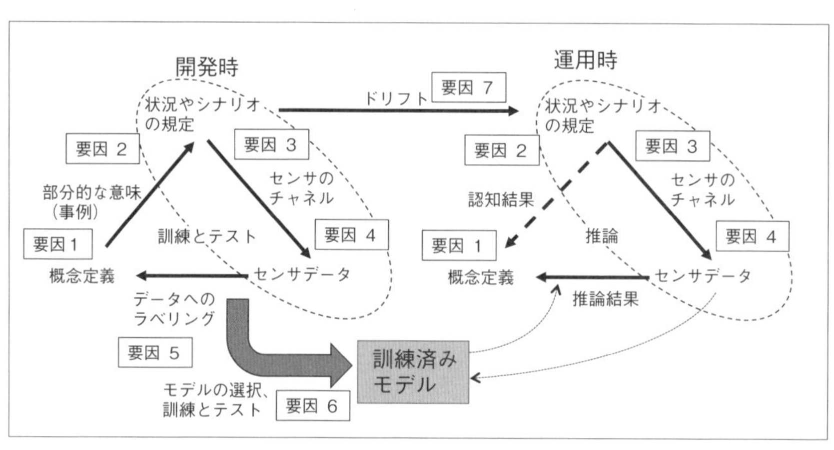

〔図2.9〕機械学習に関するさまざまな不確かさ

以下に、不確かさが発生する７つの要因を説明する。

- (要因 1) 概念の定義が曖昧になる、もしくは正確に定義ができない。例えば自動運転における歩行者の定義は容易ではない。自転車やバイクを押している人も歩行者と含めることができ、どのような物体を歩行者だというかの定義は曖昧になる可能性が高い。
- (要因 2) 考慮すべき状況を明確にすることができない。自動運転の場合、霧や吹雪のときの状況など自然現象をどこまで考慮すべきか決定するのは簡単ではない。
- (要因 3) 認識すべき状況の境界が曖昧になる。例えば、歩行者が大きなカバンを持っていた場合やきぐるみをかぶっていた場合、歩行者として認識するのは人間でも難しい。機械学習によりどこまでの状況を認識すべきかを決定するのは容易ではない。
- (要因 4) 必要なセンサデータを必要な品質で得られるのかが分らない。カメラや LiDAR などセンサの品質は、設置環境や気象条件などに影響され認識に必要なデータを得られるのか分らない場合がある。また、訓練時に想定したセンサと異なる製品が、実際に運用する際に使われるなど、訓練時と運用時で条件が異なってしまうこともある。
- (要因 5) ラベルを付ける人によって正解がばらつく可能性がある。正解ラベルを付ける人の文化や前提知識によりラベルの正解が異なってしまう事も考えられる。また、収集するデータにバイアスが出てしまう可能性もある。
- (要因 6) どのような概念をうまく学習できるかが事前にわからない。機械学習で学習する度合いは、訓練アルゴリズムやデータ、ハイパーパラメータなどにより異なり、どのような概念をうまく学習できるか、もしくは、うまく学習できない概念があるかの予測は困難である。

- (要因7) データドリフト・コンセプトドリフトが起こる可能性がある。運用時に概念の定義が変わるコンセプトドリフトや入力データの特徴が変化するデータドリフトによって機械学習モデルの精度が落ちる可能性がある。

これらの不確かさの要因により、要求が曖昧になる場合や利害関係者とのコミュニケーションに齟齬が生じるリスクがあるかどうかを検討する必要がある。特にAIプロジェクトにおいて、本質的に不確かさを排除できない要因が存在する。それをAIプロジェクトを進めるにあたってのリスクとして認識することで、要求の理解や認識上の齟齬がプロジェクトの後期に発生することを防ぐことができる。すなわち、不確かさの要因分析は、AIプロジェクトに含まれるリスクを管理し、プロジェクト失敗のリスクを軽減する対策を行うために重要である。

2.3.7　その他のデータへの考慮

機械学習に必要なデータが十分にすぐに揃うとは限らない。データが十分に集まらない段階からシステムを構築・運用して、少ないデータから活用し始めるコールドスタートを検討することもできる。データが十分に集まらない段階では、データが十分でない部分はルールベースでプログラムによって判断したり、最初のバージョンでは十分データが集まっているラベルのみを使って推論するなど、AIシステムの進化の観点でデータを活用する方針が考えられる。

2.4　要求に関するプロセスと AI システムのプロセス

一般に、システムの要求は、以下のような手順で獲得、記述し、保守を行う。

- 要求の獲得と分析（要求獲得・分析）：利害関係者のニーズや問題領域の分析を行う。
- 要求の記述（要求記述）：サービスの要求を定義する。
- 要求の妥当性や一貫性の検証：サービスの要求が、利害関係者にとって妥当であるかの検証や要求が首尾一貫しているかの検証を行う。
- 要求のモニタリングや保守・管理：運用時に要求の前提が成り立っているか、状況が変化して要求に変更が必要でないかどうかを確認する。

要求獲得・分析段階では、サービスの利用者・発注者などの利害関係

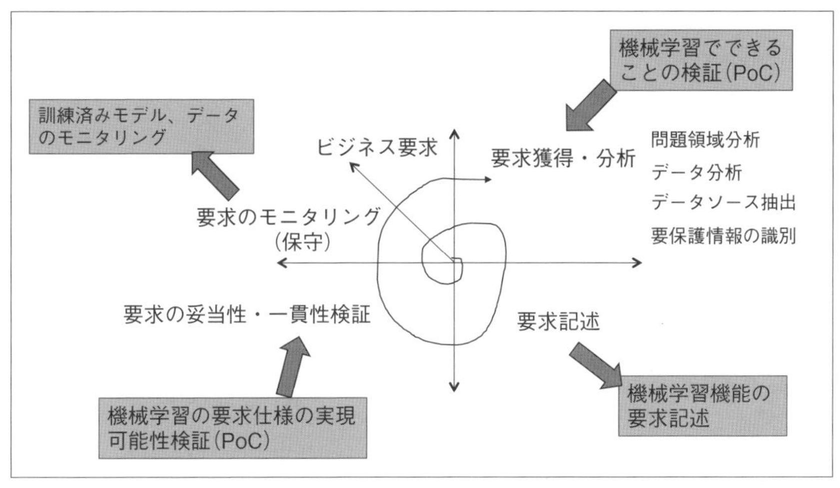

〔図2.10〕AIシステムの要求プロセスと機械学習の活動

者がどのようなサービスを欲しているかのニーズやサービスを適用する業務や活動がどのように行われているかの問題領域の分析（ドメイン分析）も行う。

機械学習を活用したAIシステムでは、問題領域の分析として、どのようなデータが活用できるか、またそのデータからどのような機能が導出可能かといったデータの分析や、データがどのように得られるかを整理する。

図2.10にAIシステムの要求のプロセスと機械学習の要求との関係を示す。

2.5　AIサービスの要求工学の難しさ

妥当なAIサービスの要求を決定する際には以下の難しさがある。

- 妥当の要求を定義、維持するために必要な専門家が多い：データサイエンティストや問題領域の専門家が関与しないと問題領域が分析できず、妥当な要求を決められない。
- 従来人間が判断・認識・行動していた部分をソフトウェアに置き換える場合、もしくはこれまで実現したことがない機能であるため、要求が明確ではない。どこまでやれるかが明確ではないという機能の実現可能性の不確かさの他にも、2.3節で述べたように問題領域の定義が曖昧になってしまう機械学習を用いる時に特有の不確かさに関するリスクを考慮する必要がある。
- データから振る舞いを導出するため、どこまでの性能・品質が実現できるか明確ではない。

- 重要だが稀にしか起こらない状況（レアケース）の想定が難しい。特にセーフティ要求の獲得や保証が困難である。これについては、次の2.6節で詳しく説明する。
- 用いるデータ（訓練データ、評価データ）の要求を決めることが難しい。
- 2.3.5節で述べたようにコンセプトドリフト、データドリフトにより、推論の精度が下がることを考慮する必要がある。これらのドリフトは、環境の変化により起こるが、機械学習システムの導入自体が人の行動などの環境が変化し、それによりドリフトが起きることがある。これを機械学習の暗黙的フィードバックと呼ぶ。

Wanらは、要求工程では、「機械学習の精度を見極めるために多くの予備実験が必要、運用時の機械学習モデルの性能劣化とそれに対する対策を考える必要がある」点が従来のシステムと異なるとのインタビュー結果を整理している[2]。図2.10では、要求獲得･分析段階の概念検証（PoC）と妥当性・一貫性検証のための概念検証（PoC）の２種類の検証を示している。

2.6 セーフティを実現する難しさ

機械学習を活用したAIシステムはセーフティの保証範囲を決定するのは困難である。本節ではAIシステムのセーフティに関する要求とその実現の難しさについて述べる。

2.6.1　セーフティの要求とは？

セーフティ要求とは、AIシステムが、人や設備・情報に被害を及ぼさないための要求である。特に本書では、セーフティ要求を故意ではなく災害やミスに起因する被害に対する対処に限定し、攻撃者の故意による被害に関する対処をセキュリティ要求と定義している。また、意図を区別しない場合は、安全性要求と呼ぶ。

AIシステムにおいて、どのような被害が起こり得るかのリスクを分析し、そのリスクを必要に応じて軽減する必要がある。そのためセーフティ要求には、考慮すべき被害とその対策のための品質要求が整理されるべきである。起こり得る被害を分析するためには、稀だが重要な状況・ケースを洗い出す必要がある。しかしながらバリエーションが多い場合はその洗い出しが難しい。自動運転の場合、過去の事故の状況分析から事故につながる稀なケースを整理する。

セーフティ要求を定めるためには、脅威分析、ハザード分析が必要である。脅威を特定したらリクス分析を行い、受け入れられるリスクか、軽減すべきかを判断をして軽減すべき脅威に関してそのリスクを軽減するために、誤判断率の低減の度合いなど目標の精度を定める。

2.6.2　自動運転のセーフティを担保する際の課題

著者らは2020年に自動車企業5社を始めとする10の自動運転の開発に携わる企業・団体の技術者にインタビューを行い、自動運転システムのセーフティを担保する際の課題を抽出、整理した。本節ではその結果を紹介する。

インタビュー対象者の総人数は 19 人で、以下がその内訳である。

- 自動運転車を製造する企業 (OEM) : 10 社 : エンジニア : 8 名 , 管理職 : 1 名 , コンサルタント : 1 名
- Tier 2 (部品メーカ) : 2 社 (部品製造、IT 企業), 2 名のエンジニア , エンジニア : 5 名 , 管理職 : 2 名
- コンサルタント企業 : 1 社 , コンサルタント : 1 名
- 自動運転標準化団体 : 1 団体 , 管理職 : 1 名
- 役割 : エンジニア : 13 名 (68%), 管理職 : 4 名 (21%), コンサルタント : 2 名 (10%)

このインタビューを整理すると以下の 11 の観点について課題が浮かび上がった。

1. 保証範囲が不明確
2. テスト / 訓練データの妥当性が不明
3. 原因分析と対策ができない
4. 重要な場面での動作を担保できない
5. 不要作動がないことを保証できない
6. セキュリティを担保できない
7. 保証のコストが大きい
8. 安全な停止を保証できない
9. 訓練データが不足
10. 訓練データの収集コストが大きい

工程	課題	重要度	短期／中期
要件定義	1. 保証範囲が不明確	5	短期
訓練データ収集	2. テスト／訓練データの妥当性が不明	5	短期
修正・対策時	3. 原因分析と対策ができない	5	短期
修正・対策時	4. 重要な場面での動作を担保できない	5	短期
製品確認	5. 不要作動を保証できない	5	短期
製品確認	6. セキュリティを担保できない	2	中期
製品確認	7. 保証のコストが大きい	3	中期
製品確認	8. 安全な停止を保証できない	3	中期
訓練データ収集	9. 訓練データが不足	3	中期
訓練データ収集	10. 訓練データの収集コストが大きい	3	中期
運用時	11. モデルのアップデート	2	中期

重要度は５段階、短期は今顕在化している課題、中期は５年後に顕在化する課題

〔図 2.11〕セーフティに関する課題一覧

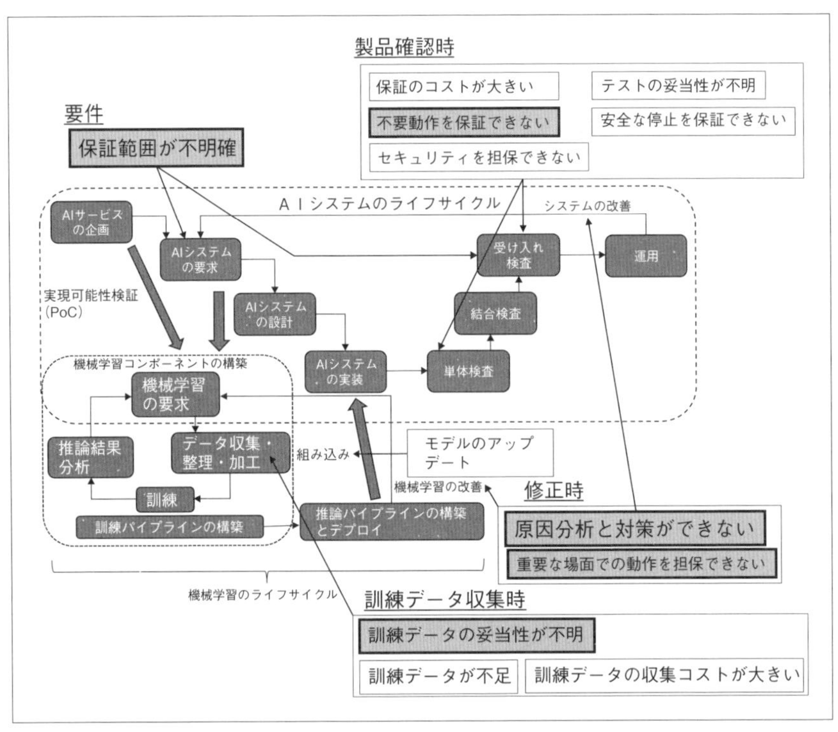

〔図2.12〕AIシステム開発のライフサイクルとセーフティの課題

11. モデルのアップデート

それらの優先順位と短期･中期の課題に整理したものを図2.11に示す。インタビューの結果、保証範囲が不明確、テスト / 訓練データの妥当性が不明、原因分析と対策ができない、重要な場面での動作を担保できない、不要作動を保証できないといった5つが現在顕在化している重要な課題であるということが分かった。

これらの課題とAIシステムの開発・運用工程（ライフサイクル）との関係を図2.12に示す。

これらの重要な課題に関する詳細を以下で解説する。

2.6.3　セーフティ要求の保証範囲が不明確

要件定義工程に関しては、深層学習（DNN）など複雑な構造を持つ機械学習アルゴリズムを使う場合、セーフティ要求の保証範囲が明確にできないという難しさがある。特に自動運転の場合、運行設計領域（ODD, Operational Design Domain）を明確にする必要があるが、以下の要因により、扱う環境のバリエーションが多すぎてそれを明確にできない。

- （DNNの複雑性）DNNでどこまで扱えるのかが明確にならないため、保証できる範囲を決定できない。
- （環境の複雑性）稀なケースや入力のバリエーションが多すぎて考慮すべき範囲を整理できない。

この課題に関して、以下のようなコメントがあった。

- セーフティ要求の保証範囲は現状、明確にできないので、これを分析・規定する技術が必要である。
- DNN を使わない従来の開発でも外部環境が複雑で高機能を実現する場合には課題になっていたが、DNN では従来の機械学習モデルより高機能な自動運転が実現できるが、構造が非常に複雑であるため特にこの課題が大きくなる。

ODD を規定する場合、図 2.13 にあるように雨天や積雪などの環境条件の限界性能、どこまで遠方のオブジェクトを認識できるかどうかの保証範囲の速度制限、逆光や夜間などの照明条件における性能限界を調べる必要があるが、その限界点がどこにあるのかを見つけることが難し

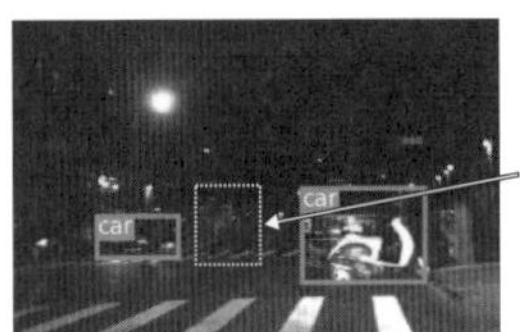

〔図2.13〕ODDを規定するための機械学習の性能限界を把握するのは難しい

い[*6]。物理的なセンサや単純な構造をもつ機械学習モデルであれば性能特性を把握しやすいが、DNNはその特性の把握は難しいためである。

2.6.4 訓練データ・テストデータの妥当性が不明

データの収集工程においては、訓練データセットやテストデータセットの妥当性がわからず、セーフティ要求を担保できる訓練ができるかわからない、また、セーフティ要求を担保するためのテストができないという課題がある。特に自動運転の場合は、事故につながる認識の間違いがないかを確認したいが、テスト走行ではそのようなシーンを得ることは難しい上、想定される状況が多く、どのような認識の間違いが事故につながるのかの分析も困難である。これは、セーフティ要求の保証範囲が不明確であるという課題にあった環境の複雑性からくる難しさとなる。

現状、長時間のテスト走行やシミュレーションによりデータを収集しているが、セーフティ要求を担保するために必要なデータの特徴を体系的に分析、規定する手法が必要となる。

インタビューでは、さまざまなデータは集めているが、事故につながるまれな状況を再現することは困難であり、どこまでの稀な状況を想定すればよいかが明確になっていないとのコメントがあった。

2.6.5 原因分析と対策ができない

機械学習モデルの修正時においては、機械学習モデルに不備があった

[*6] 本画像は"BDD 100k: A Large-scale Diverse Driving Video Database"（https://bair.berkeley.edu/blog/2018/05/30/bdd/）を用いて、Yolo v3を用いて物体に検出を行っている。

場合、その原因分析と対策が困難であるという課題がある。特に深層学習は、自動で特徴量を抽出しているが、どのような特徴量を捉えているかわからないので不備の分析ができない。例えば、影を歩行者だと誤認識する場合や複雑な交差点での対向車等の認識が十分でない場合が発見できても、その誤認識の理由が分からず、対策方針が定まらない。

図 2.14 に、著者らが自動運転の BDD100k データセット[*7]を Yolo v3 で物体認識で認識させた推論結果を分析し、発見したシーンを示す。この図の左のシーンでは、ケースを持った前方の男性が認識しなかったが、この男性の立ち位置を変更すると認識された。また、図の右のシーンではバッグを持ったスカートの女性が認識されていない。この原因がバッグによって身体が隠れているためなのか、スカートの形が稀であるのか、奥にいる女性との関係が原因なのかの分析は困難である。機械学習モデルは背景も含めてオブジェクトを認識するルールを自動的に構築するた

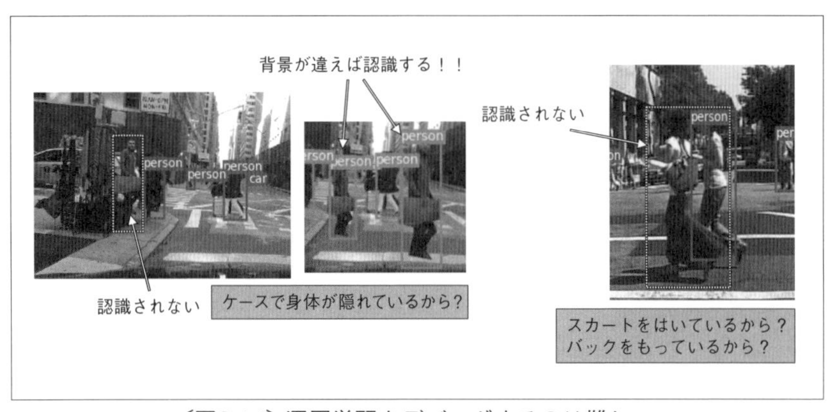

〔図2.14〕深層学習をデバッグするのは難しい

[*7] BDD 100k : A Large-scale Diverse Driving Video Database", https://bair.berkeley.edu/blog/2018/05/30/bdd/

め、どの要素（特徴量）が不足して未認識になってしまったかの原因の分析は難しい。

さらにインタビューでは、「どのような状況で不都合が発生するのかが分らないので、不具合が発生するデータを増やすことも難しい。機械学習モデルの不都合に対策するためにセンサを増やす事も考えられるが、コストの問題もあり、機械学習モデルの改善でできるだけ対応したい。」といったコメントもあった。

2.6.6 重要な場面での動作を担保できない

機械学習モデルの修正時のもう一つの課題として、重要な場面での動作を担保できない難しさがある。自動運転の場合、例えば、目の前を横断する人の認識など、誤認識や未認識が事故に直結するクリティカルな重要なシーンでの認識率を保証できないといった課題である。特に、事故に直結するクリティカルな機械学習モデルの誤認識や未認識は、テスト走行で多数発見されるが、それらを同時に修正する体系的な手法がなく、修正に非常にコストがかかるのが現状の問題である。特定のシーンでの認識率を上げるために、新たな訓練データで再訓練をさせても、他の重要なシーンでは認識率が下がってしまい、システム全体のセーフティリスクが下がらないといった課題があり、体系的にシステムのセーフティリスクを軽減する手法が必要である。

さらに、インタビューでは、重要な場面を条件分岐させて、アルゴリズムにより対処するというやり方も導入しているが、例外処理が多くなり、メンテナンスが困難になっているというコメントもあった。また、機械学習モデルを利用する状況に対する制約が多くなってしまうと、その性能を発揮できなくなってしまため、機械学習モデルで、できるだけ多くの重要な状況に対応できるように修正する技術が重要であるという声が聞かれた。

2.6.7　不要作動がないことを保証できない

構築した製品の確認・検査時には、動いてはいけないときに動いてしまう不要作動が起きないということを保証できない課題がある。自動運転では、目の前に障害物が特にない状況でブレーキをかけてしまうなどの不要作動をしないことを保証したいが、機械学習モデルではどういった状況で誤動作が起きるのか分析が難しく、その保証ができない。

図2.15に、著者らが自動運転のBDD100kデータセット[*8]をYolo v3で

〔図2.15〕不要動作を発生する可能性がある誤認識例

[*8] BDD 100k : A Large-scale Diverse Driving Video Database", https://bair.berkeley.edu/blog/2018/05/30/bdd/

製品確認	セキュリティを担保できない	訓練データ収集	学習データが不足
現状の難しさ （セキュリティへの対応）悪意を持ったユーザへの対応（セキュリティ攻撃による制御のっとり、画像の誤認識、学習データの改ざん等）		**現状の難しさ** (訓練のためのデータ量が不十分) 訓練データを収集ができない ・GDPR等：プライバシー保護法の厳格化により訓練データをEUから持ち出せない（訓練済みモデルであればOK）	
製品確認	保証のコストが大きい	訓練データ収集	訓練データの収集コストが大きい
現状の難しさ 安全性・信頼性の検証・テストのコストが大きい ・非常に多くのケースを考慮する必要がある システムを変更したときの安全性・信頼性の再検証・再テストのコストが大きい（システムを変更したら何万キロものテストをやり直す必要がある）		**現状の難しさ** 信頼性を保証するために大量の訓練データ・テストデータを必要とする ・事故につながる稀な状況のテストデータのバリエーションを収集できない。（リアルでは再現しにくい。シミュレーションではテストの有用性が不明確）	
製品確認	安全な停止を保証できない	運用時	モデルのアップデート
現状の難しさ ・保証範囲内でシステムが安全に停止させられることを保証できない例）・危険な状況になりそうになった場合：物体に衝突しそうになったとき ・保証範囲外に入った時：突然の大雨で自動運転機能の動作を継続できなくなった場合		**現状の難しさ** 訓練モデルを運用時に変更する際に、変更のタイムラグの発生時に旧モデル・システム全体の保証が難しい	

〔図 2.16〕その他の安全性に関する課題

物体認識で認識させた場合に不要動作を発生する可能性がある誤認識の例を示す。

この例では、目の前にいる他の乗用車（car）をトラック（truck）と検出しており、車間距離をあけるために急ブレーキといった不要動作が発生する可能性がある。

一般に機械学習モデルの感度を下げて誤認識率を下げると、これまで認識できていたものが認識できなくなるといった未認識率が上がる。すなわち、誤認識と未認識にはトレードオフの関係がある。例えば、不要作動をないように誤認識率を下げようとすると、未認識率が上がり未認識が原因による衝突事故などが増える可能性がある。どちらの間違いも起きない機械学習モデルを得ることが難しい場合、どちらを優先させるかはアプリケーションに依存する。

図 2.16 にその他の安全性に関する課題の現状の難しさを示す。

2.7　AIシステム要求の獲得と分析

この節では、AIシステムや機械学習に関する要求を獲得し、要求を定義するためにそれを分析する方法を解説する。

2.7.1　機械学習を使うかどうかの判断

機械学習は、所望のソフトウェアを作る手段であり、目的ではない。そのため、やりたいことを必ずしも機械学習で実現する必要はなく、やりたいことをアルゴリズムやルールや経験的なやり方で実現できる場合は、機械学習を用いないほうが品質の担保や開発工数の側面から良い場合が多い。

Google の People + AI Guidebook には、機械学習を用いたほうがよい場合と使わないほうが良い場合を次のように整理している[*9]。

すなわち、以下に当てはまる場合は機械学習を用いたほうがよい。

- ユーザごとに適切なコンテンツを推薦する場合（リコメンデーションシステム）

[*9] https://pair.withgoogle.com/chapter/user-needs/#section1

- 過去から未来を予測する場合（予測システム）
- ユーザごとに最適化することがユーザの体験を豊かにしてくれる場合
- アルゴリズムで書き下すことが困難な画像分類
- 稀におこり、時間とともに変化する現象の検知
- 特定の問題領域の処理の最適化

1章では、機械学習を活用したAIのシステム事例を示した。また、機械学習により実現可能な機能を分類した。

また、以下に当てはまる場合は、機械学習を用いないことも検討したほうがよい。

- ユーザが予測可能な振る舞いをさせたい場合
- 限られた決まりきった情報を提供する場合
- エラーに対するコストを最小限にしたい場合
- 振る舞いの透明性を担保したい場合
- 少ないコストでいち早く開発をしたい場合
- 人が実行する価値が高いタスクの自動化

これらは、人が実施していることをソフトウェアで置き換えないことも含めて検討する必要がある。

2.7.2　AIシステム要求の獲得の手順

AIプロダクト品質保証ガイドライン[3]には、無限に考えられる現実世界のシナリオから構築する機械学習が想定するユースケースに変換し

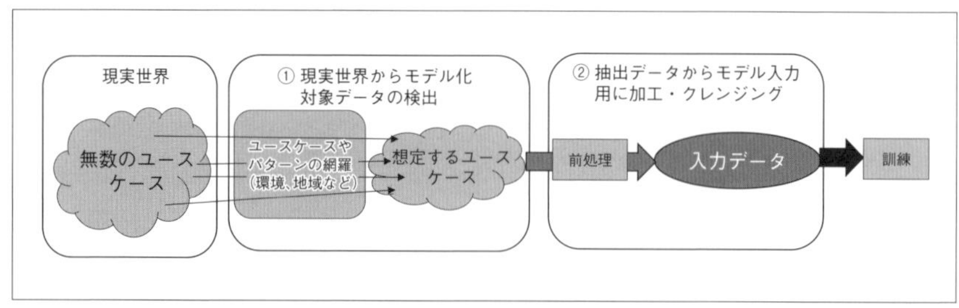

〔図2.17〕現実世界のデータのモデル化プロセス

て具体的にどのようなデータを獲得し、訓練・テストのデータに用いるべきかの考え方が示されている。図2.17に、この考え方に基づき現実世界から訓練データを導出するプロセスを整理した。

要求獲得では、まずどういう入力に対してサービスを提供すべきかの利用環境を分析（ドメイン分析）する必要があるが、自動運転などは入力のバリエーションが多すぎてその整理が難しい。システムの適切な要求を規定するには、問題領域を十分理解する必要がある。そのために、ドメイン分析が要求獲得段階で行われる。データを活用したAIシステ

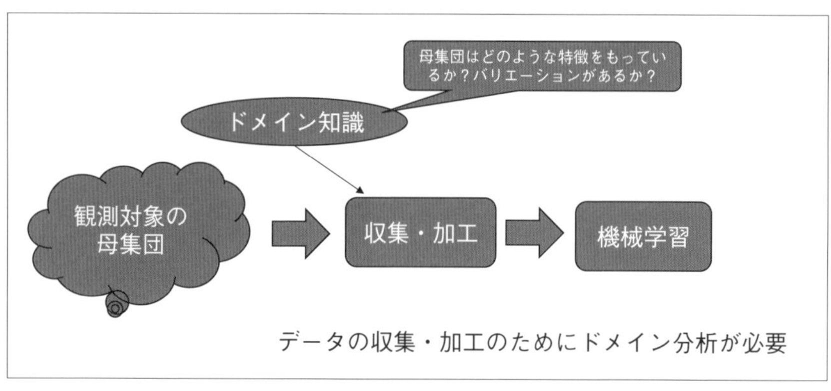

〔図2.18〕AIサービスのドメイン知識とデータの収集・加工

ムは､データがどのようなデータがあり､どのように活用できるかといったデータに基づく問題領域の理解と分析が、ドメイン分析の一環として行われる。機械学習においては、図 2.17 の①現実世界からモデル化対象データの検出プロセスがドメイン分析の活動の一部となる。具体的には、ドメイン分析で得られた知見（ドメイン知識）を元にデータの収集･加工が行われる（図 2.18）。

Vogelsang らはデータサイエンティストが要求分析・獲得のためにどのような活動を行っているかを整理している[4]。具体的には、以下のような活動を行っている。

- データソースの列挙、収集方法の獲得
- 目的変数･正解データ（Ground Truth）の定義：正解は人が判断するか、過去データから自動で決定できるか、曖昧性はないか？
- データ利用の条件の確認：公平性のため説明変数として利用してはいけないデータか？機密性があるデータか？組織外で処理可能か？
- データの形式・値の範囲、データ量、データの品質、データクレンジング・増強に関する要求の整理
- 利用データに関するアセット（保護資産）の整理

データサイエンティストが行う特徴量エンジニアリングは、ドメイン分析の活動の一部とみなすことができる。特徴量エンジニアリングを行うデータサイエンティストとドメイン分析を行う問題領域の専門家が、共同してドメイン知識の獲得、整理を行う必要がある。また、この際には、データからドメイン知識を獲得するのにクラスタリングや教師なし

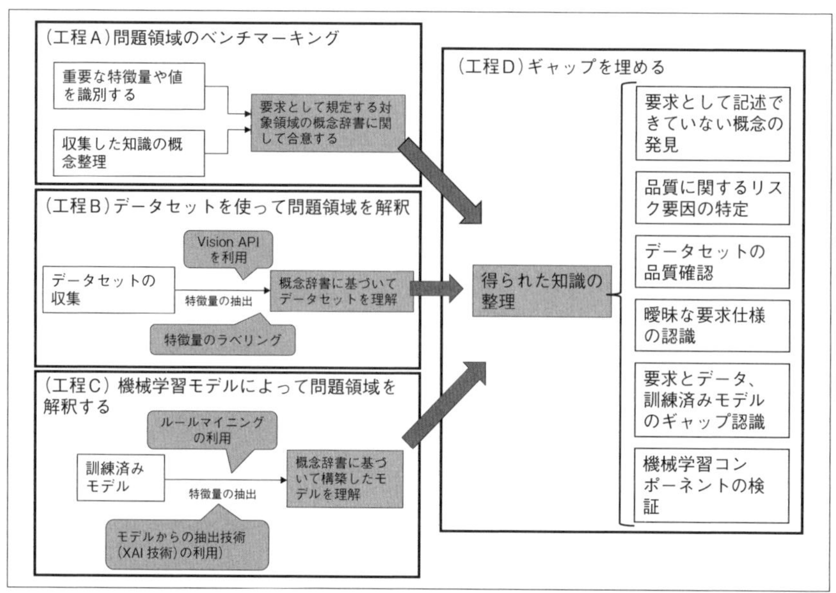

〔図2.19〕AIシステムの要求工学に必要な４つの工程

学習などの機械学習の技術を活用することができる。

Rahimiらは、AIシステムの要求工学には、図2.19に示す４つの工程が必要になるであろうと整理している[5]。

2.7.3　機械学習の要求仕様の獲得と概念実証（PoC）

機械学習の要求仕様を獲得するために以下を分析する[*10]。

- 推論における公平性が問題となる状況
- 推論が難しい状況・性能劣化のリスク
- データ収集に関する課題

[*10] 詳しくは機械学習品質マネジメントガイドライン[10]の6.1節を参照のこと

多くのAIプロジェクトでは、以下の目的で概念実証（PoC）行い、実現可能性があり、機械学習に関する妥当な要求を獲得する。

- 妥当な要求の明確化
- 訓練済みモデルの精度目標の設定
- 実現可能性の確認

プロジェクトの失敗リスクを軽減するために多段関門方式で開発を進める場合、関門の通過条件を決めておく必要がある。

そもそも工数をかけて開発する価値があるAIシステムなのかを判断する必要がある。2.7.1節で述べたように、そもそも機械学習を使わない、段階的に機械学習を導入するという選択肢も検討すべきである。

2.7.4　データセットの品質と要求仕様

機械学習では、訓練に使ったデータセット（訓練データセット）により訓練済みモデルを計算するため、訓練データセットの品質が訓練済みモデルの品質に直接的に影響を与える。機械学習の世界では、よく「garbage in, garbage out（ゴミを入力したらゴミを出力する）」と言われ、機械学習の入力が非常に重要になる。そのため、機械学習システムでは、データセットへの品質要求の明確化とその妥当性確認が必要になる。

データ（サンプル）への品質要求には、大きく分けて次の4つがある。

- データの正確性の定義
- データの一貫性の定義

- データの完全性の定義
- データの鮮度：イベントが発生してから、その情報をデータとして機械学習に利用できるまでの時間

機械学習品質マネジメントガイドラインでは、データセットへの品質要求（内部品質特性）として以下の３つの観点を挙げている[10]。

- データセットの被覆性：考慮する必要があるバリーションは何かを規定する
- データセットの均等性：母集団のバリーションがどのように分散しているかを規定する
- データセットの妥当性：訓練に必要な十分なバリーションとその量を規定する

データに関する要求には以下の項目が考えられる*11。

○訓練データ量に対する要求
- 訓練データの入手先・入手方法
- 想定する学習手法・アルゴリズムで学習させるために必要な訓練データ量
- 入力システムが取り扱う入力の種類からみた統計的観点から必要な訓練データ量
- 想定する要求・適用環境において、希少な状況や分類クラスの偏りが

*11 データに関する要求はAIプロダクト品質保証ガイドライン[3]をもとに整理した。

ある場合であっても、必要とする精度を実現するために必要となる訓練データ量

〇訓練データの内容に対する要求

- データが満たすべき不変条件や整合性条件
- データの集合（分散など）に対する条件：前提とする入力データ集合の特徴、公平性：不適切なバイアスの定義含むべきデータの種類
  - 処理対象となるデータの種類
  - 安全性の確認のために必要となるデータの種類
  - 頑健性を確認するために必要となるデータ
- データ拡張（Data Augmentation）に関する要求：人工的に作成可能なデータの定義
- 妥当なデータの領域、外れ値と欠損値に対する扱い
- ラベルに関する要求：ラベルの定義、ラベリングに曖昧性はないか、バイアスが起こり得るか？

〇データの収集に対する制約

- プライバシーに関する法律・ポリシーの考慮
- 利用ライセンス（知的財産）の扱い

〇テスト用データの要求

- 訓練データとの区別の有無や方法

訓練に使えるデータ量は、利用できる訓練アルゴリズム選択の制限になる。一般に深層学習は膨大な訓練データセットを必要とし、十分なデー

タ数がない場合は、ランダムフォレストなど他のアルゴリズムを検討するか、転移学習を検討する必要がある。転移学習を実施するには、転移元となる訓練済みモデルが必要になる。

リソースやアーキテクチャの制約を整理しておかないと、推論パイプラインに組み込めない訓練済みモデルが構築されたり、満たせないモニタリング要求を規定してしまう可能性がある。例えば、深層学習は制約が厳しいエッジ端末には組み込めない可能性がある。さらに推論に必要な性能要件を明確にする必要がある。オンライン学習が必要な場合は、再訓練に対する制約（再訓練にかけられる時間やリソース）を明確にする。

2.7.5　AIシステム要求の獲得の難しさ

要求獲得の難しさには、大きく以下の3種類ある。

- 実現可能性の不確実さ
- 顧客のAIへの過度な期待
- 新たな利害関係者：データサイエンティストや、AI倫理の専門家との議論

要求分析において、システムの実行環境を想定することは、特に機械学習システムでは、重要になる。なぜなら、利用状況の想定が実際と異なった場合、訓練済みモデルは期待する性能や品質を達成できなくなるとともに、新しい状況を訓練の後に発見した場合に、データの収集から始めることになり新しい状況への対応のコストが非常に大きくなるため

である。また、このような実行環境の分析は、必要となる妥当なデータセットを定義する際の前提条件となるため、データの収集前に行わなければならない。

しかしながら、状況を正確に把握できないからこそ機械学習を利用する価値がある事が多い。そのような状況では、本質的に機械学習システムの要求分析は困難である。状況の把握（要求分析）のために機械学習を用いることが有効であり、要求工学のための機械学習の技術やBI（ビジネスインテリジェンス）の技術が活用できる。

Deyらは、要求の獲得／分析／記述のために行わなければ行けない活動とガイドラインを整理している[6]。すなわち、要求の獲得過程では、データサイエンティストや法律家とともに以下を行う。

- 問題領域のベンチマーク：従来の予測がどれくらい正確であるのか？誰が判断していたのか？
- 機械学習のためのデータの源泉を分析する
- データの収集や内容に、差別などにつながる特徴や保護すべき情報が含まれているかどうかを判断する
- 機械学習が行う推論の判断基準の説明や判断結果に関する理由を説明する状況があるかどうか

要求の分析過程では、以下を検討する事を薦めている。

- ユーザが理解しやすい予測性能
- データ収集、データクリーニングやラベル付け、特徴量エンジニアリ

ングなどの制約条件

測定可能なKPI（Key Performance Index, 重要業績評価）を規定することが重要である。機械学習モデル単体の性能がよくても推論時間が長くなると、コンバージョン率などのKPIが下がることになりかねない。KPIにそった機械学習の精度を定める必要がある。

さらに、望ましい推論時間（スループット）をユースケースから定める必要がある。推論時間は、機械学習の訓練アルゴリズムやモデルのアーキテクチャによって異なり、深層学習の推論時間は一般に時間がかかる。

2.7.6　AIシステム要求に関する利害関係者

システムの利害関係者（ステークホルダ）とは、そのサービスの開発、利用、運用のライフサイクルを通じて何らかの影響を受ける組織、もしくはサービスに影響を与える組織である[*12]。例えば、以下などが利害関係者である。

- ビジネスの顧客
- サービスの利用者
- サービスの分析者、開発者、品質管理チーム、運用者

機械学習を活用したAIサービスのプロジェクトでは、図2.20にあるように、以下の利害関係者が含まれる事がある。

---

*12 詳しくは要求工学概論[7]の2.2.1節を参照してほしい。

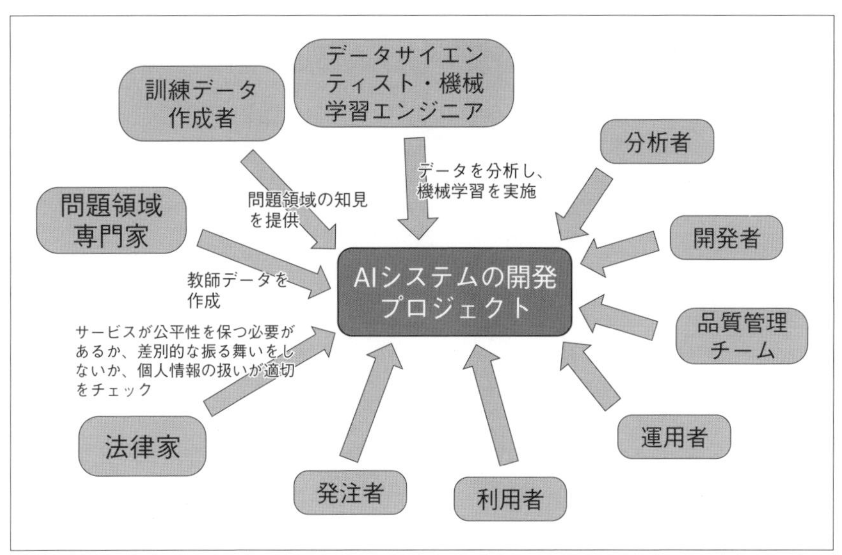

〔図2.20〕サービスの要求は、AIサービスの利害関係者には、データサイエンティストの他、公平性などをチェックする専門家が参加する

- 法律家：AI サービスならではの公平性や差別問題などを検討する。
- データサイエンティスト・機械学習エンジニア：データを分析し、機械学習を実施する。
- 訓練データ作成者：教師あり機械学習のアルゴリズムを使う場合は、教師用の訓練データを作成する必要がある。
- 運用者：コンセプトドリフト・データドリフトを確認するために、機械学習エンジニアは運用者と連携する必要がある。

訓練データの作成者は、機械学習モデルの入力に対して正解となる出力を与える。Web のコンバージョンや株価予測のようにシステムの利用履歴などから自動的に正解が規定できる場合は、作成者は不要となる。

不良品検査における不良品の規定は、問題領域の専門家や既存システムで判断をしている人になる。

2.8 AIシステム要求の記述

抽出した要求を分析し、2.3節で述べたAIシステムに求められる要求を記述する。機械学習の開発の際にどのような種類のデータをどれくらい収集すればよいかの根拠となるのがデータへの要求である。2.7.4節ではデータへの要求に含まれる項目を整理した。

機械学習モデルの要求仕様として、図2.21にあるように考慮すべき入力の種類や状況と、その重要性を考慮してそれぞれの状況の入力に対して目標となる性能を規定する必要がある。その際には重要度の高い状況の訓練データセットを意図的に増やすといったデータインバランスを考慮する必要がある。性能の定義については次の2.8.1節で述べる。

2.8.1 機械学習機能の正確性に対する要求仕様記述

機械学習機能の正確性を評価するための評価指標と目標とする精度を要求として設定する。この際、必ずしも全体性能を評価指標にするのがよいとは限らず、特定の重要な推論に対する正確性を重視する場合がある。例えば、異常の分類の場合、正常の分類精度が高くても異常の検出精度を高くしないと意味がない。どのような推論に対する正確性を重視するか、全体的な性能を重視するかの要求を定める。

分類タスクの訓練済みモデル正確性の評価基準として、図2.22の左にあるとおり、正解率（Accuracy）、適合率（Precision）、再現率（Recall）、特異率（Specificity）、F値（F-measure）などが一般に使われる。検出タス

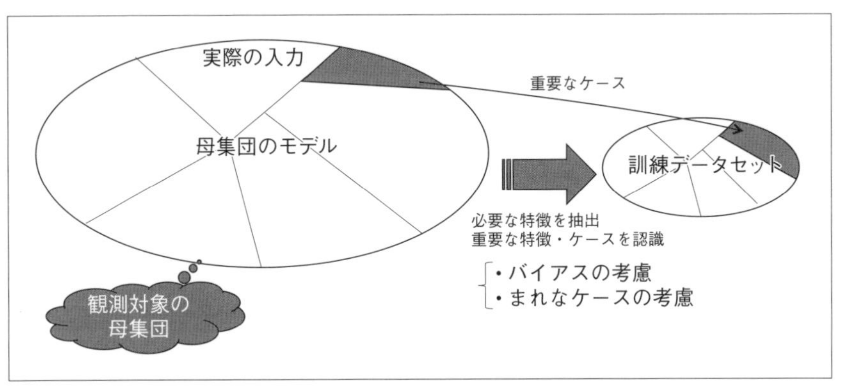

〔図2.21〕データセットの要求の獲得

訓練済みモデル正確性の評価基準

基準名	内容	計算式
正解率（Accuracy）	全予測正答率	$\frac{TP+TN}{TP+FP+FN+TN}$
適合率（Precision）	正予測の正答率	$\frac{TP}{TP+\boldsymbol{FP}}$
再現率（Recall）	正に対する正答率	$\frac{TP}{TP+\boldsymbol{FN}}$
特異率（Specificity）	負に対する正答率	$\frac{TN}{\boldsymbol{FP}+TN}$
F 値（F-measure）	適合率と再現率の調和平均	$\frac{2\times Precision\times Recall}{Precision+Recall}$

混合行列（Confusion Matrix）

	実際は正（Positive）	実際は負（Negative）
予測が正（Positive）	TP（真陽性）True Positive	FP(偽陽性) False Positive 第1種の誤り
予測が負（Negative）	FN（偽陰性）False Negative 第2種の誤り	TN（真陰性）True Negative

〔図2.22〕訓練済みモデル正確性の評価基準と混合行列

クでは、mAI や IoU（Intersection over Union）といった別の評価基準も合わせて使われる。

どのような評価基準を重視するかは機械学習をどのように利用するかの要求から決定する。特に適合率や再現率は、AI サービスの使いやすさや有用性に影響する場合があるため、他の品質要求とのトレードオフを考慮する必要がある。

機械学習の要求仕様では、どのようなラベルや状況で推論に対する正確性を重視するか、全体的な性能を重視するかのなどの要求を定める必要がある。また、それを評価するための評価指標を検討する。

2.9　AIシステム要求の妥当性と一貫性の確認

定義した要求が上流のビジネス要求を満たしているか、やりたいことと一致しているかといった妥当性の検証や、システムの要求と機械学習の要求との間に整合性が取れているか、複数の要求に競合や矛盾がないかの一貫性の検証を確認するのが、このプロセスとなる。機械学習システムでは、機械学習の要求どおりに学習し、機械学習コンポーネントを

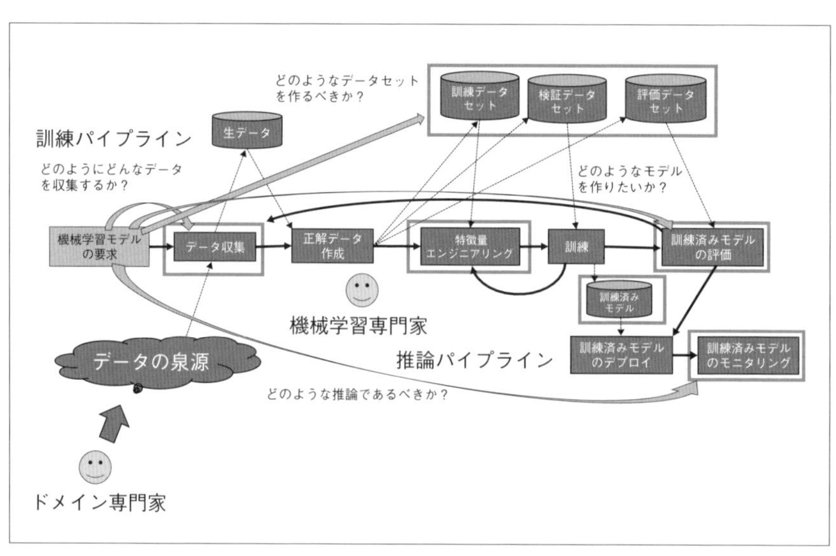

〔図2.23〕AIシステム要求とML要求との関係

構成できるかどうかが不確定なことが多いため、ここでも小規模なデータで要求が満たせそうかの見積もりを行うための概念検証（PoC）を行うことが多い。

AIシステムの要求と実装すべき訓練済みモデルやデータセットなど機械学習の要求仕様との関係は明確ではない。図2.23にAIサービスの要求と機械学習の要求仕様との関係を示す。

さらに、機械学習モデルをどう用いてサービス全体を作るかのアーキテクチャを検討する必要がある。AIシステムの要求と機械学習モデルの精度や頑健性との関係は明確ではない。

妥当性を検証するためには以下を考えて適切なテストデータを決定する必要がある。

- 想定しているシーンをすべて含んでいるか？
- 求められる精度や頑健性は達成しているか？

具体的には、想定すべき外乱はなにか、環境の影響、センサの影響はどのようにあるかを分析し、推論に必要な頑健性を規定する必要がある。また、テストデータは機械学習を実施する前に構築するのが望ましい。なぜならば、汎化性能を測定するために、テストデータは訓練データとして用いることができないからである。

ビジネス要求（KPI, Key Performance Index, 重要業績評価）はなにかを考え、訓練済みモデルの要求仕様とAIシステムの要求、ビジネス要求との整合性を合わせる必要がある。具体的には、精度の関係およびその目標の規定、FP（偽陽性）／FN（偽陰性）の影響分析、優先度設定などを検討する必要がある。

具体的には、以下がその検討項目である。

- ユーザテスト：合格ラインを決める
- 必ずしも推論精度が高いほどよいとは限らない。機械学習の精度とKPIの関係を把握する必要がある[8]。
- 必ずしも訓練時の想定と同じ入力と限らない。想定の精度が出ているかどうかを確認する必要がある。特にバイアスの確認や異常データの確認が必要となる。

2.10　AIシステム要求の管理と運用時の要求

機械学習では、データドリフトやコンセプトドリフト（以下両者を合わせてドリフトと呼ぶ）が発生し、運用しているうちに要求を満たさなくなる可能性がある。システムの要求を検討する段階で、ドリフトが起こるシステムなのか、またどのように起こるのかを把握する必要がある。ドリフトが起こるシステムの場合、再訓練のタイミングや方法も考慮しておく必要があるためである。

運用時には以下の２種類の観点でのモニタリングが必要になる。

- 要求仕様の適合性をモニタリングするため
- ドリフトをモニタリングするため

要求仕様の適合性のモニタリングでは、要求で想定した状況からのズレや、訓練時に想定した入力データの特徴や入力と出力の関係が実際のデータに適合しているかを確認し、KPIを測定する。KPIが低下している場合、機械学習モデルの再訓練やシステムの再構築を検討する必要がある。

ドリフトのためのモニタリングは、入力データの特徴や入力と出力の関係が時間とともに変化していないかを確認する。ドリフトは、推論の精度（訓練済みモデルの性能評価）や入力データの分散を調べることで検知できる。具体的には推論結果の異常（明らかに範囲外の値を計算している）やどのラベルの信頼度もしきい値以下であるなどを調べる。ここで、その精度を調べるためには、正解と比較する必要がある。正解は、自動で得られるか、人が与えるかのどちらかである。どちらにせよ、正解データが得られるまで、分散の変化を検知するまでには時間がかかる場合が多い。そのため、機械学習の要求仕様を満たしているかの確認にも時間がかかることを想定し、再訓練などAIシステムの改善計画を立てる必要がある。

そもそも訓練時に想定したデータセットが実際のデータの特徴やラベルに適合していない場合、そのデータセットで訓練した訓練済みモデルの推論の妥当性はいえない。そのためAIシステムを開発する際には、いかに実際のデータの特徴やラベルに適合するデータセットを揃えられるかが品質管理の要になる。実際のデータの特徴や（正しい）ラベルに適合する度合いが高い高品質なデータセットを開発時に用意することが、システムの品質を担保するために必要になる。

ドリフトが起こった際に、新しいデータの特徴に適合するための再訓練のことをドリフト適合（Drift Adaptation）と呼ぶ。例えば、特定の工場内の製品の検査などドリフトが想定しにくいシステムであっても、長期的に見ると環境が変わる可能性があり、システムを改変するライフサイクルよりも環境の変化の頻度が多い場合は、ドリフトを想定する必要がある。また、開発時の想定が実際の環境と一致しない可能性を考えた適合性に関するモニタリングが多くのシステムで必要となる。

Luらは、ドリフトをモニタリングする方法として、推論の誤判定率から検知する方法、運用時のデータの分散などの特徴から検知する方法、仮説に基づくテストを実行して検知する方法の３種類に分類している[13]。機械学習デザインパターンでは、継続的評価パターンがこの問題と解決を扱っている[9]。データドリフトにより入力の構造や意味付けが変更になった場合は、一時的にデータブリッジパターンが利用できることがある。

何をどのようにモニタリングをするかは、精度の変化の原因を追求し、再訓練のためのデータを収集・加工するために必要であるため、その観点で運用時のモニタリング要求を整理することが重要である。

2.11　本章のまとめ

本章では、AIサービスの要求や機械学習に関する要求をどのように抽出し、妥当な要求として定義するかについて解説した。機械学習は、データを確率的に分析し、その振る舞いを自動的に決定するため、どのような振る舞いが導出されるか予測が難しく、振る舞いの品質は、得られるデータの品質に強く依存する。

データの品質は、そもそもどのようなサービスを構築したいかの要求をもとに確認する必要があり、どのようなデータが必要になり、それを得ることができるかは、問題領域の専門家と機械学習の専門家の共同作業により明確にする必要がある。また、AIサービスは、これまで人間が行っていた判断の一部を（機械学習）ソフトウェアによって置き換える場合があり、差別や公平性などAIサービスならではの新たな要求を考える必要もある。

加えて、機械学習ならではの課題として、コンセプトドリフトやデータドリフトによって問題領域が変化してしまい、機械学習の要求を満たさなくなるという課題がある。また、コンセプトドリフトは、AIシステムに隠れたフィードバックループがあり、AIシステムを導入することにより発生する可能性がある。そのため、要求段階では、AIシステムに隠れたフィードバックループがあるかどうかや、コンセプトドリフトが起こり得るかどうかを検討しておく必要がある。そして、運用時に、入力となるデータや機械学習モデルの精度をモニタリングし、コンセプトドリフトやデータドリフトが発生し、問題領域が変化していないかを確認する。

本章では、これらの機械学習やAIシステム特有の要求に関する関心事とその対処方法を解説した。

参考文献

[1] Krzysztof Czarnecki and Rick Salay. Towards a Framework to Manage Perceptual Uncertainty for Safe Automated Driving. In Computer Safety, Reliability, and Security - SAFECOMP 2018 Workshops, WAISE, pp. 439–445, 2018.

[2] Zhiyuan Wan, Xin Xia, David Lo, and Gail C Murphy. How does Machine

Learning Change Software Development Practices? IEEE Transactions on Software Engineering, pp. 1–14, 2019.

[3] AIプロダクト品質保証コンソーシアム. AIプロダクト品質保証ガイドライン（2022.07版）. https://www.qa4ai.jp/download/, 2022.

[4] Andreas Vogelsang and Markus Borg. Requirements Engineering for Machine Learning: Perspectives from Data Scientists. In IEEE 27th International Requirements Engineering Conference Workshop, REW 2019, pp. 245–251. IEEE, 2019.

[5] Mona Rahimi, Jin L.C. Guo, Sahar Kokaly, and Marsha Chechik. Toward Requirements Specification for Machine-Learned Components. In IEEE 27th International Requirements Engineering Conference Workshop, REW 2019, pp. 241–244, 2019.

[6] Sangeeta Dey and Seok-Won Lee. Multilayered Review of Safety Approaches for Machine Learning-based Systems in the Days of AI. Journal of Systems and Software, Vol. 176, , 2021.

[7] 妻木俊彦, 白銀純子. 要求工学概論. 近代科学社, 2009.

[8] Lucas Bernardi, Themis Mavridis, and Pablo Estevez. 150 successful machine learning models: 6 lessons learned at Booking.com. In Proceedings of the ACM SIGKDD International Conference on Knowledge Discovery and Data Mining, pp. 1743–1751, 2019.

[9] Valliappa Lakshmanan（著）, Sara Robinson（著）, Michael Munn（著）, 鷲崎弘宜（翻訳）, 竹内広宜（翻訳）, 名取直毅（翻訳）, 吉岡信和（翻訳）. 機械学習デザインパターン データ準備、モデル構築、MLOpsの実践上の問題と解決. オライリージャパン, 2021.

[10] 産業技術総合研究所. 機械学習品質マネジメントガイドライン第2版. https://www.digiarc.aist.go.jp/publication/aiqm/guideline-rev2.html, 2021.

[11] 総務省. AI 利活用ガイドライン～ AI 利活用のためのプラクティカルリファレンス～. https://www.soumu.go.jp/iicp/research/results/ai-network.html, 2019.

[12] 機械学習工学研究会機械学習システムセキュリティガイドライン策定委員会. 機械 学習システムセキュリティガイドライン（Version 1.0）. https://sites.google. com/view/sig-mlse/ 発行文献 , 2022.

[13] Jie Lu, Anjin Liu, Fan Dong, Feng Gu, João Gama, and Guangquan Zhang. Learning under concept drift: A review. IEEE Transactions on Knowledge and Data Engineering, Vol. 31, No. 12, pp. 2346–2363, 2019.

第3章

機械学習システムのアーキテクチャと設計

3.1　概要

本章では、代表的なプロセスモデルやプラクティス（実践項目）を参照することで機械学習システムの開発プロセスの全体を概観する。そのうえで、機械学習システムの設計の概念と利用可能な道具立ておよび留意点を説明する。特に、設計上の参照アーキテクチャや避けるべき技術的負債、ならびに主要な設計上の方針や原則を説明する。続いて、特定の状況や問題に応じて設計上の方針や原則を具体化した形で解決策をまとめた各種の機械学習デザインパターンを解説する。最後に、品質要求に基づくアーキテクチャ設計の手法と流れを解説したうえで、機械学習デザインパターンや参照アーキテクチャおよび設計原則を用いた機械学習システム設計の様子を解説する。

3.2　機械学習システムの開発プロセスと設計

機械学習システム開発プロセスとは、対象とする問題領域の理解に始まり、要求を獲得し、同要求を機械学習応用により満足するソフトウェアシステムとして分析、設計、実装、テスト、および展開・運用に至る一連の流れを指す（1.6 節参照）。本節では、具体的なプロセスを抽象化して共通事項を整理した典型的なプロセスモデルとして、CRISP-DM[1]の概要を説明したうえで、開発チームと運用チームが連携する形態を指す MLOps を取り上げる。さらに、こうしたプロセスの構築や利用にあたり組み入れ可能な実践上のプラクティスを説明する。

3.2.1　機械学習システムの開発プロセスモデル

CRoss-Industry Standard Process for Data Mining（CRISP-DM）[1]は、デー

タ分析・データマイニングを進めるうえで参照可能なプロセスモデルである。CRISP-DM では次の 6 つの工程が、データマイニングに共通のものとしてまとめられている：ビジネスの理解、データの理解、データの

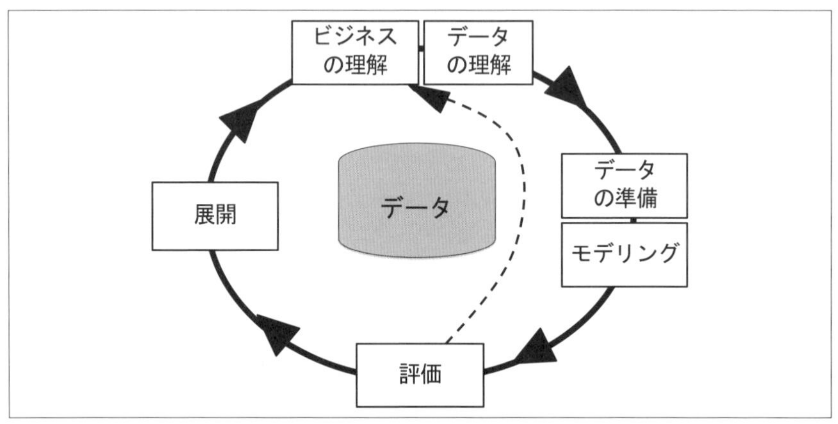

〔図3.1〕CRISP-DMの概要

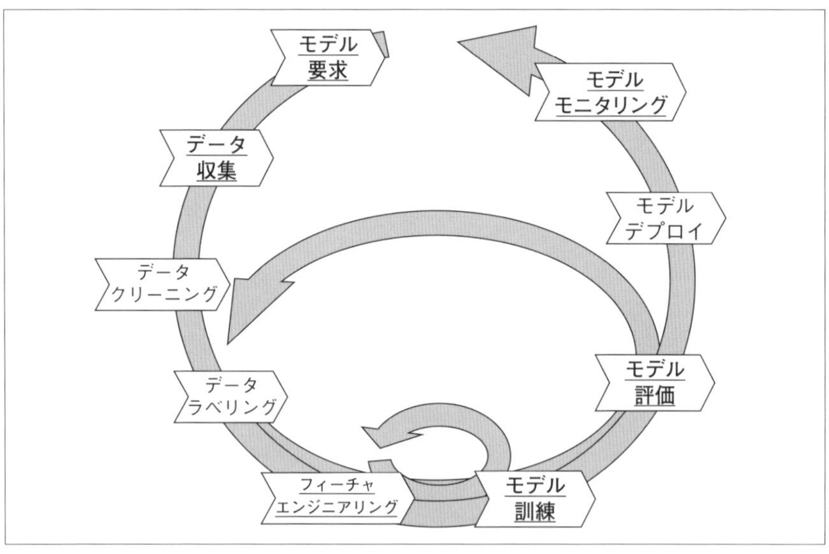

〔図3.2〕Amershiらによる機械学習モデル開発プロセスの全体像

準備、モデル作成、評価、展開／共有。それらの工程のつながりと全体の流れを図 3.1 に示す。機械学習システムに特化したものではないが、機械学習システムの開発と運用の大枠をデータ分析の観点で捉えるうえで有用である。

機械学習システムの開発に焦点を当てたプロセスモデルとしては、Amershi らによる活動の整理結果[2]が代表的である。その大枠を図 3.2 に示す。図における次の強調した活動は、筆者らの調査においてプロセスに言及している他の事例報告にも共通にみられるものであり、機械学習モデルの扱いにおける特に重要なものと位置付けられる：モデル要求、データ収集、フィーチャ（特徴量）エンジニアリング、モデル訓練、モデル評価、モデルモニタリング（監視）。詳しくは 1.8 節を参照されたい。

3.2.2　アジャイル開発と MLOps

前節でみたように、データ分析や機械学習モデルを扱うプロセスは必然的に、対象の理解と設計・モデリング、評価・モニタリングを繰り返すものとなり、価値をもたらす必要最小の製品構成による頻繁な短期リリースとフィードバックを繰り返すアジャイル開発プロセスとの相性が良い。

アジャイル開発とは、反復漸進・顧客参加により高い顧客満足度を得るソフトウェア開発手法およびプロセスモデルの総称である。その考え方はアジャイル宣言[3]にまとめられており、具体的には、プロセスやツールよりも人間と人間関係、ドキュメントよりも動くソフトウェア、契約交渉よりも顧客との協力、計画に従うことよりも変化に対応することを重視する考え方をとる。代表的な手法として eXtreme Programming（XP）

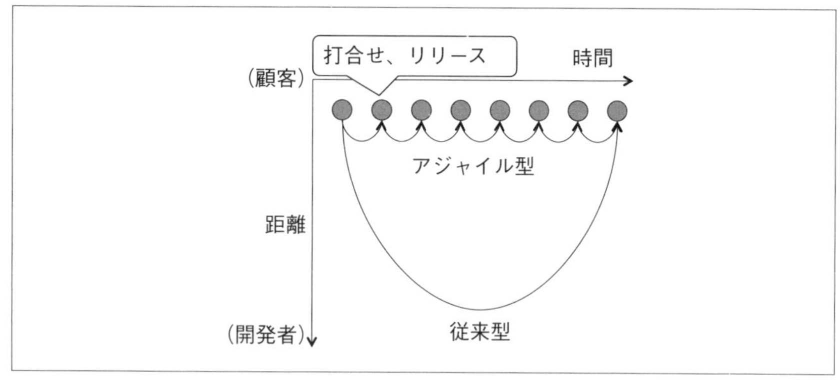

〔図3.3〕アジャイル型と従来型のリリースに関する対比[30]

や Scrum がある。アジャイル開発の主要な特徴を、非アジャイル型のビッグバンリリースに近い開発との対比により図3.3に示す。一度のビッグバンリリースの考え方では顧客と開発者との間の意思疎通のうえでの隔たりが大きく、特に不確実性が大きく変化の速い状況では価値創造に直結しない可能性がある。対してアジャイルの考え方では、顧客の代表を巻き込んだチームにより意思疎通を図り、頻繁な打ち合わせとリリースを通じて顧客の業務や状況に寄り添う形で価値に直結するソフトウェアをリリースし続ける。

DevOps は、ソフトウェアの開発チームと保守・運用チームが密に連携する考え方であり、リリースを加速させるアジャイル開発としばしば併用される。DevOps へと機械学習モデルの開発と評価を組み入れた考え方は MLOps（あるいは MLDevOps）と呼ばれ、そのプロセスの流れと連携の様子を図 3.4 に示す。MLOps の定義は各社さまざまであるが、最大公約数的には、機械学習モデルの迅速な実験と開発、機械学習モデル・システムの実稼働環境への迅速なデプロイとフィードバック、継続的な

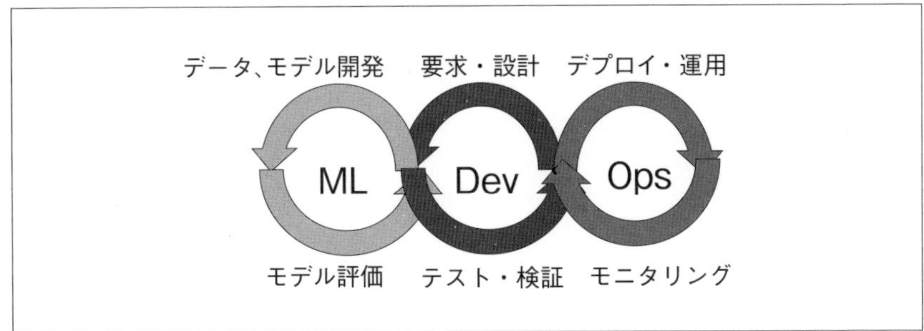

〔図3.4〕MLOps（MLDevOps）の概念

高信頼化を目指すプロセスおよび体制全般と捉えられる[4][5]。機械学習システムの開発においては、特にPoCによる概念実証・分析段階や開発段階を終えた後の運用しながらの改善段階では、こうしたDevOpsおよびMLOpsのプロセスをとることになる。各社の代表的なMLOpsの定義を以下にまとめる[4][5]。

- Google：機械学習システム開発（Dev）と機械学習システム運用（Ops）を統合することを目的とした機械学習エンジニアリングの文化と実践
- Microsoft：ワークフローの効率を向上させるDevOpsの原則と実践（継続的インテグレーション、デリバリ、デプロイなど）
- Amazon：機械学習のワークロードをリリース管理、CI/CD、運用に統合するための規律
- Neal Analytics：データサイエンスとITチームが機械学習モデルを迅速に開発、展開、保守、スケールアウトできるようにするために設計された概念とプラクティスの組み合わせ

3.2.3　機械学習システム開発プラクティスと設計

筆者らは機械学習システム開発における頻出のプラクティスを明らかとするために、文献サーベイを実施した。その予備的な調査結果として、機械学習システム開発の実践事例を記録した文献群に基づいて活動単位で主要な課題とプラクティスを参考文献 [6] にまとめた。具体的には、特に重要な10件弱の文献を特定し、従来の開発には見受けられない機械学習システム特有の課題やプラクティスを明らかとした。それらは主としてデータに関する関心事や、小さく始めること、さらには測定評価関連で多く見られた。加えて、関心事の分離やゴール（目標）指向のように、従来の開発において有用なプラクティスが、特にモデルの訓練や評価、デプロイ、評価の段階を中心に機械学習システムにおいても扱われていることを確認した。

そうしたプラクティスのうちで、機械学習システムの設計に直接かかわる特徴量エンジニアリング、モデル訓練、モデル評価、モデルデプロイの各活動におけるプラクティスを以下に示す。

- 特徴量エンジニアリング：ドメインの知識と過去の経験の活用、データの統計的特性の観察、人が理解できる特徴からの開始
- モデル訓練：最もシンプルなアルゴリズムの選択、機能別のモデルの分離、モデル改善のための新らたな特徴量の発見
- モデル評価：モデルの性能測定、基盤の独立テスト、ベースラインとの差分測定、最終目的とする測定への集中、ユーザ自身の基準に基づくモデル評価
- モデルデプロイ：正しい基盤の確保、リリース前のモデル評価、1つ

の基準へのこだわり

3.3 機械学習システム設計の基礎

機械学習システムの設計において、前述のプロセスやプラクティスを踏まえたうえで、基礎となる参照アーキテクチャおよびプラクティスやデザインパターンの背景にある設計原則を抑えることが重要である。本節では以降において設計の概念を解説したうえで、機械学習システムの設計における参照アーキテクチャ、技術的負債、設計原則を解説する。

3.3.1 設計と参照アーキテクチャ

ソフトウェアの設計とは、『ソフトウェア要求を分析し、ソフトウェア構築のための基礎となるソフトウェア内部構造の記述を作成するために実施されるソフトウェアエンジニアリング・ライフサイクル・アクティビティ』である[7]。設計においては特に抽象化、詳細化、モジュール化を基本概念としたうえで関心事の分離や情報隠蔽、機能独立性を達成する形で全体のアーキテクチャ設計ならびに個々の部分の詳細設計を進める。

アーキテクチャとは、システムの基本的な概念や性質を表すものであり、一般には構成要素や要素間の関係、ならびに設計・進化の原則から成る[8]。図 3.5 に示すように、アーキテクチャは要求を達成し、それに準拠する形で実装を導くものである。アーキテクチャを設計し用いる効果には、ソフトウェアシステムの理解や再利用、構築、進化、分析、管理の支援があげられる[9][10]。

機械学習システムにおいて特にアーキテクチャの明示的な検討と扱い

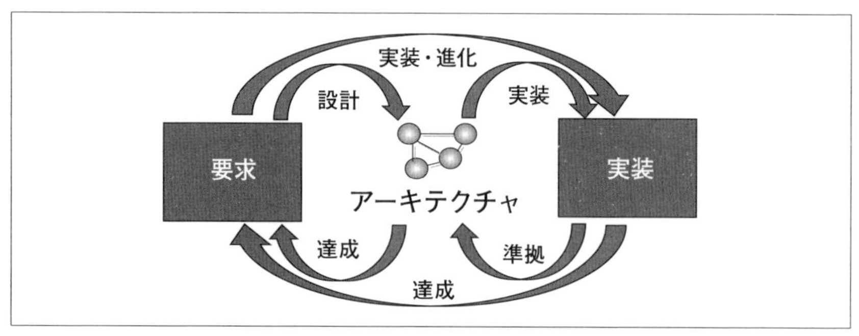

〔図3.5〕アーキテクチャと要求および実装の関係[9][10]

が重要な理由として、さまざまな不確実性を扱う必要性があげられる。1章においても解説したように、機械学習モデルは本来的に100%正しいということは保証しないという不確実性を持ち、さらにはシステムとして他にも、もともとの扱うコンセプトや問題領域の捉え方の曖昧さや、訓練データにおける正解ラベルのブレ、さらには訓練時と推論運用時とのコンセプトやデータのズレ（ドリフト）といったさまざまな不確実性と向き合う必要がある。行き当たりばったりに機械学習システムを実装ならびに改訂することでこれらの不確実性を扱うことは難しく、システム全体や部分の設計において早い段階から扱いを明確とし、解消あるいは緩和の仕組みをアーキテクチャ上で、意思決定の根拠や過程を明確としながら組み入れることが望ましい。

加えて、機械学習システムの大規模化や複雑化に伴い、途中で変更することが困難なことや、社会の重大な基盤を担いつつある中で安全性や頑健性および信頼性などに代表される非機能要求が増大していること、さらには多種多様な関係者の関りや技術・サービスの組み合わせを扱う必要があることもまた、機械学習システムの開発におけるアーキテク

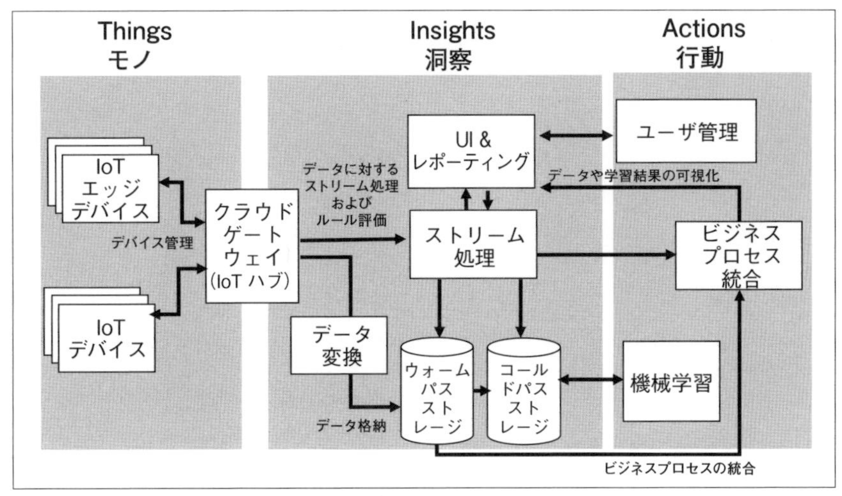

〔図3.6〕Azure IoT参照アーキテクチャ[10][11]

チャの重要性を強く裏付ける。

アーキテクチャの設計にあたり、特定の問題領域や技術領域における半完成のテンプレートとしての参照アーキテクチャが得られれば、それを基礎として効率よく効果的に以降の当該プロジェクトおよびシステム固有の課題を考慮した設計を進められる。機械学習部分を含む一定規模のソフトウェアシステムの参照アーキテクチャの例として、Azure IoT参照アーキテクチャの構成を図3.6および以下に示す。IoTデバイスやさまざまなデータ源から得られるデータに基づいた訓練および推論を通じてビジネス上の意志決定を進めるシステムであれば、この参照アーキテクチャが初期のアーキテクチャの候補の1つとなる。

- モノ（Things）
  - ▷IoTデバイス：クラウドに接続してデータを送受信

- 洞察（Insights）
  - ▷クラウドゲートウェイ：デバイスがクラウドに安全に接続してデータを送信するためのクラウドハブ、デバイス管理、コマンドやデバイスの制御など
  - ▷ストリーム処理：データレコードの大規模なストリームを分析、ストリームのルール評価
  - ▷データ変換：ストリームを操作および集計
  - ▷ウォームパスストレージ：レポートと可視化のためにデバイスからすぐに使用できる必要があるデータの保持
  - ▷コールドパスストレージ：長期間保持されバッチ処理に使用されるデータの保持

- 行動（Actions）
  - ▷機械学習：データに対して推論・予測アルゴリズムを実行
  - ▷ビジネスプロセス統合：データからの分析情報に基づいてアクションを実行
  - ▷ユーザ管理：デバイスでファームウェアのアップグレードなどのアクションを実行できるユーザまたはグループを制限ならびに管理

一方、機械学習モデルや周辺に絞った場合の参照アーキテクチャの例を図 3.7 に示す。機械学習を進めるうえでの主要な要素と要素間の関係を抑えたものであり、機械学習モデルの周辺において各種の仕組みを作り込むうえで、初期のアーキテクチャの候補を与える。

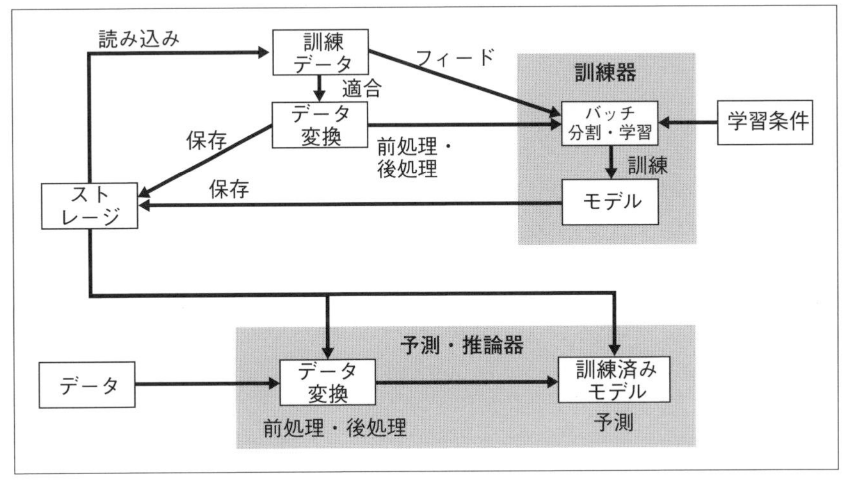

〔図3.7〕機械学習モデルおよび周辺のアーキテクチャの例[12]

3.3.2　技術的負債と設計原則

機械学習モデルやシステムの根本的な難しさとして、さまざまなデータ源が関わるため複雑な絡み合いを生じ、結果として用いるデータやその分布、はたまたハイパーパラメータなどの「何かを変えると（予測の結果が）劇的に変わる（CACE：Changing Anything Changes Everything）」という性質が知られている[13]。

そうした機械学習システム全体において機械学習モデルやコードの占める割合はわずかであり、その周辺の多様さや複雑さが技術的負債となって問題となることが知られている[13][14][15]。技術的負債とは、時間の都合その他の理由によりその場しのぎの解決策をとってしまい、後でコストをかける必要性や問題を発生しうる状況を指す[13]。Sculleyらはそれらの技術的負債を高利子クレジットカードにたとえたうえで、主に以下に示す回避や緩和に向けた設計上の方針を示している。

- モデルの切り離しとアンサンブル：個々の機械学習モデルを独立させたうえで組み合わせる
- 隠れたフィードバックループの除去：予測結果に依存したエンドユーザの入力がまた訓練に用いられるという実世界から学習するシステムにおいて、できるだけそうしたフィードバックループを除去
- 不必要なデータ依存性の除去：定期的にデータを評価して予測精度に貢献しない入力データを除去
- 複雑なグルー（糊付け）コードやデータパイプラインの除去：再設計や再実装を通じて、過度に複雑なパッケージ間のデータ入出力などを扱うグルーコードやデータの抽出・結合のパイプラインを除去および再整理
- 設定やハイパーパラメータを含めた管理やテスト：さまざまな実験の試行錯誤やシステムの成熟化を通じて複雑かつ長大になりがちな設定やハイパーパラメータに注意を払った検証や変更
- エンジニアとデータサイエンティスト・研究者ほか関係者の協力：役割を過度に分離した結果として過度なシステム上の複雑さを生じないように関係者が連携

同様の設計上の方針は他にもさまざまにまとめられており、例えば以下は、モジュール化、問題発生時の切り分け、再現性、それらを通じた技術的負債の解消という機械学習によらないソフトウェア設計全般における原則を踏まえたうえで、それらをより機械学習モデルおよび周辺の設計へと具体化した方針である[12]。

- 学習のコード化：データおよび実験をコードベースで管理することでデータ依存をコードの世界で完結。個々のデータセットをコードとして単体テスト的な扱い。実験のスクリプト・コード化。
- 前処理の独立モジュール化（データ変換）：訓練時も予測時も必要となるため
- 訓練器からの学習条件の分離：予測時にハイパーパラメータ他が付随しないように
- 利用側からのモデルの隠蔽：訓練器の API 経由の利用
- ストレージによる各種ファイルの管理：ネーミングルールや配置場所の検討

3.4　機械学習システムデザインパターン

前節で解説した設計上の方針や原則は、ほぼあらゆる機械学習システムの設計に適合し有用であるが、それゆえに抽象的な考え方の提示にとどまり、従って方針や原則に基づいた注意深い設計が都度必要となる。エンジニアやデータサイエンティストにおいて、それらを具体化した設計のガイドが必要である。

状況や問題を限定することで、機械学習システムの設計上の方針や原則を具体化した再利用可能な解決策が、機械学習システムや機械学習モデルに特化したさまざまなアーキテクチャパターンやデザインパターンとしてまとめられつつある。それらは、機械学習システムの開発において特定の状況下で繰り返し登場する設計上のベストプラクティスを、特定のプラットフォームによらない問題と解決としてまとめたものである。

ソフトウェアパターンとは、ソフトウェアの開発や保守、運用の活動において、特定の状況下で繰り返される問題とその解決策を、再利用しやすいように一定の抽象度で文書化したものである[25][26][31][32]。機械学習システムについても設計を中心にさまざまなパターンがまとめられつつあり、それらを参照することで、機械学習システムや機械学習モデル、それらを構成する部分における頻出問題とその解決策および背景にある特性を十分に把握し、問題および解決策を再利用することで設計を中心に効率的かつ効果的に開発ならびに運用を進められる。

機械学習デザインパターンのさまざまなまとまりがカタログとして得られつつある。そのいくつかを以下に示す[31]。

- Machine Learning Design Patterns (MLDP、機械学習デザインパターン)[17]: データや問題の表現から MLOps、さらには説明性まで MLS のライフサイクルに沿って、実務家において抑えるべき 30 のデザインパターンをまとめている。Google 社勤務のエンジニアがまとめたものであり、各パターンの説明にあたりトレードオフや代替の考慮に加えて、Google プラットフォーム上での使いこなしやコード例を盛り込んでいる。
- Software Engineering Patterns for ML Applications (SEP4MLA、機械学習応用ソフトウェアエンジニアリングパターン)[18][19][20][21][27][33]: 筆者らが自身の経験および論文や技術文書に対する系統的文献レビューにより 15 のデザインパターンをまとめたものである。アーキテクチャ設計や運用周りが中心となっている。
- 機械学習システムデザインパターン[22]: 機械学習モデルやワークフ

ローを本番システムで稼働させるうえでの運用ノウハウを中心にパターン集としてまとめられている。

本節の以降では、特にMLDPおよびSEP4MLAにおいて機械学習システムの設計に直接に有用なものとして、データ設計、モデル設計、システム運用、再現性の各デザインパターンを解説する。

3.4.1 機械学習システムのデータおよびモデルの設計パターン

さまざまなデータに対して機械学習モデルが扱いやすい特徴量への表現や設計を扱うデザインパターンは、機械学習データ設計パターンと位置付けられる。MLDPにおいてはデータ表現パターンのうちで、特にモデルの設計にかかわるデザインパターンとして埋め込み（Embeddings : データの特徴を低次元の空間にマッピング）やマルチモーダル入力（Multimodal Input : 複数のデータ表現の連結）などがある[17][31]。

機械学習モデルにおいて扱いやすい問題設定やモデルの設計に関するデザインパターンは、機械学習モデル設計パターンと位置付けられる。MLDPにおいては問題表現パターンのうちで、特にモデルの設計にかかわるデザインパターンとしてマルチラベル（Multilabel : 複数ラベル割り当ての扱い）、アンサンブル学習（Ensembles : 複数モデルの組み合わせ）、カスケード（Cascade : 通常時と特殊時の分離と訓練・評価・予測統合ワークフロー）、などがある[17][31]。

MLDPにおいて機械学習モデルの訓練ループの扱いに関するモデル訓練パターンのうちで、転移学習（Transfer Learning : 訓練済みモデルの流用）や分散戦略（Distribution Strategy : 複数ワーカーにまたがる分散訓練）なども、モデルの設計にかかわるデザインパターンと位置付けられる[17][31]。

またSEP4MLAにおいては、モデル訓練パターンのうちで、特にモデルの設計にかかわるデザインパターンとしてパラメータ・サーバ抽象化（Parameter-Server Abstraction：データとワークロードの分散）、連合学習（Data flows up, Model flows down, Federated Learning：エッジデバイス群による共同訓練）、セキュア集約（Secure Aggregation：連合学習時の個別データの暗号化と集約）などがある[27][31]。

これらのデザインパターンを活用したアーキテクチャ全体およびモデルの設計の例として、連合学習パターンとセキュア集約パターンを組み合わせた場合の構成を図3.8に示す[23][28]。図において、全体の構成は連合学習パターンに従い、①各デバイスにおいて共有モデルが再訓練され、②コーディネーションサーバーにおいて差分モデルを集約し、③共有モデルを更新する。ここで集約と更新にあたりセキュア集約パターンを用いている。具体的には、差分モデルの集約にあたりマスク化された差分

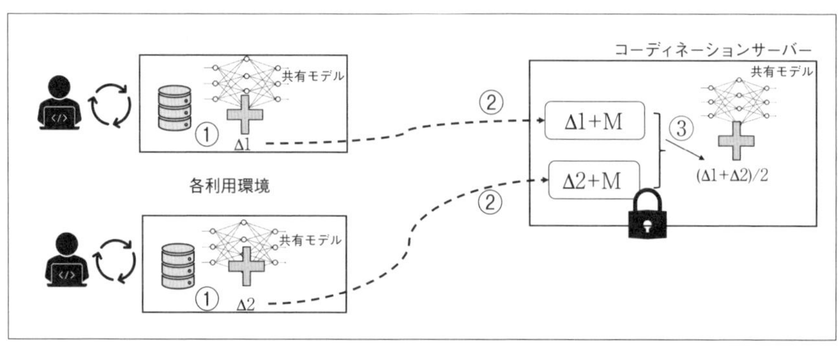

〔図3.8〕連合学習とセキュア集約を組み合わせたアーキテクチャおよびモデルの構成例[23][28]

モデルをサーバーに送り、サーバーではあらかじめ指定された数のマスク済み差分モデルを収集して集約し、個々の差分モデルをアンマスクせず、差分の平均を求める。これにより、各差分モデルの詳細を保護したままで、共有モデルを共同訓練し続けることを実現する。

3.4.2 機械学習システムの運用や再現性のパターン

機械学習モデルの決定的な出力を得やすくすることで訓練・開発効率を向上させることに関するデザインパターン、および、訓練モデルをデプロイして対応性のある形で予測稼働・運用し続けるためのデザインパターンである。

MLDPにおける再現性パターンのうちで、特にモデルの設計にかかわるデザインパターンとして、ワークフローパイプライン（Workflow Pipeline : ワークフロー群のサービス化と連鎖）、特徴量ストア（Feature Store : 特徴量データセットの格納と再利用）、モデルバージョニング（Model Versioning : モデルの後方互換性維持のためのサービス）などがある[17][31]。またSEP4MLAにおける再現性パターンのうちで、特にモデルの設計にかかわるデザインパターンとして、関心事の分離と機械学習コンポーネントのモジュール化（Separation of Concerns and Modularization of ML Components: 異なる複雑さのレベルで分離）、機械学習バージョニング（ML Versioning: モデルやデータ、コードなどのバージョン管理と再現）などがある[27][31]。MLDPにおける対応性のある運用パターンのうちで、特にモデルの設計にかかわるデザインパターンとして、バッチサービング（Batch Serving : 分散処理環境下で大量データによる非同期予測）、継続的モデル評価（Continued Model Evaluation : 継続的な性能評価）、

2段階予測（Two-Phase Predictions：シンプルな予測のエッジ上での実施と複雑なもののクラウド上実施）などがある[17][31]。

また SEP4MLA では対応性のある運用パターンのうちで、特にモデルの設計にかかわるデザインパターンとして、機械学習のためのデータレイク（Data Lake for ML：構造化・非構造化データの保存）、機械学習モデルからのビジネスロジック分離（Distinguish Business Logic from ML Model：ビジネスロジックと推論エンジンの分離）、機械学習のためのマイクロサービスアーキテクチャ（Microservice Architecture for ML：入出力データ定義と機械学習フレームワーク使用のサービス化）、機械学習の

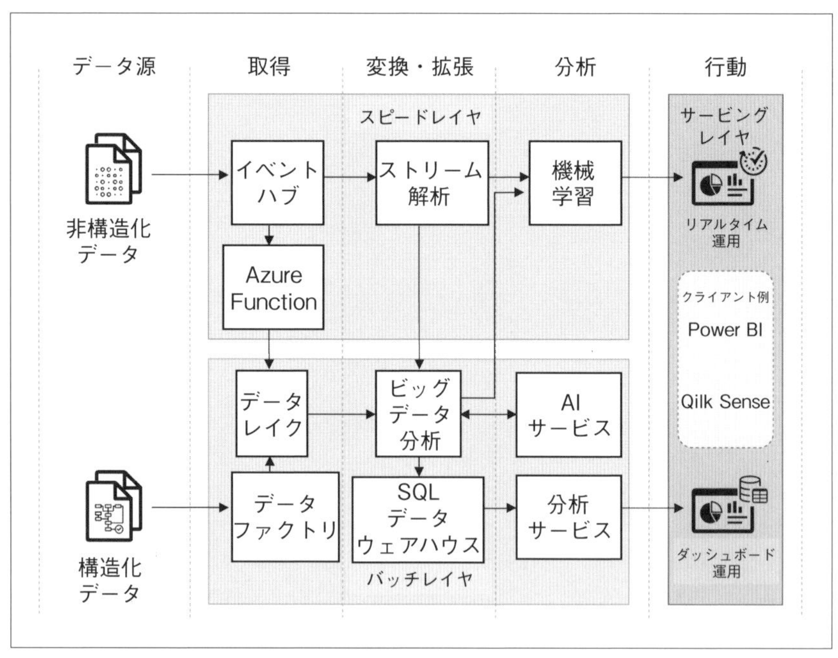

〔図3.9〕機械学習デザインパターンに基づくデジタル・ヘルス・プラットフォームのアーキテクチャ例[21][24]

ためのラムダアーキテクチャ（Lambda Architecture for ML : バッチ処理とリアルタイム処理の分離構成）、機械学習のためのカッパアーキテクチャ（Kappa Architecture for ML : 単一のストリーム処理エンジンによる構成）などがある[27][31]。

これらのデザインパターンを活用したアーキテクチャおよびモデルの設計例として、データへ機械学習を適用することで臨床上の意思決定に役立つ知見を得るデジタル・ヘルス・プラットフォーム[24]のアーキテクチャの例を図 3.9 に示す[21]。ここでは、臨床データからビジネスデータまでのさまざまな種類のデータを統合し、医療従事者の意思決定プロセスを改善している。同アーキテクチャは、全体構成としては機械学習のためのラムダアーキテクチャパターンを採用し、その内部では機械学習のためのデータレイクパターンを組み合わせることで多様なデータの扱いを合わせて実現している。

3.4.3 機械学習システムの説明性のパターン

機械学習モデルの予測や推論の結果を多様な利害関係者へと説明可能とするためのデザインパターンである。MLDP における説明性パターンのうちで、特にモデルの設計にかかわるデザインパターンとして、説明可能な予測（Explainable Predictions : モデルの説明可能性）や公平性レンズ（Fairness Lens : データセット内のバイアス特定と公平性確保）などがある[17][31]。なお公平性については 2 章で詳説している。

また SEP4MLA では説明性パターンのうちで、特にモデルの設計にかかわるデザインパターンとして、ルールベースのセーフガードで機械学習モデルのカプセル化（Encapsulate ML models within Rule-based Safeguards :

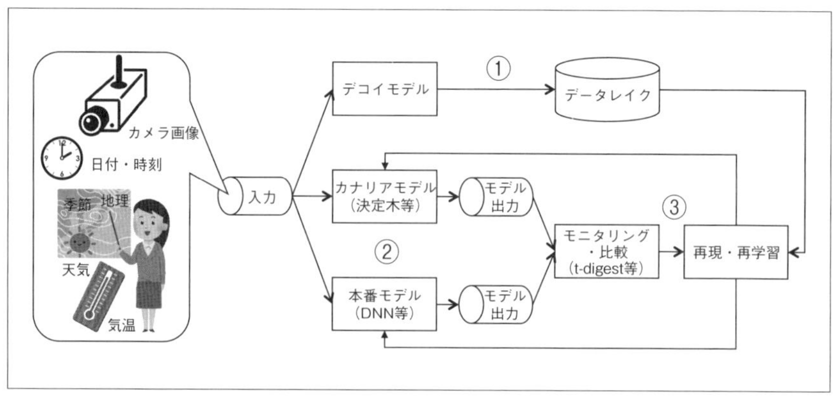

〔図3.10〕デプロイ可能なカナリアモデルパターンを基礎としたアーキテクチャ設計の例[23]

決定的なルールで機械学習モデルの予測結果を包み込み）、デプロイ可能なカナリアモデル（Deployable Canary Model : 説明可能なモデルを並行実行）などがある[27][31]。

これらのデザインパターンを活用したアーキテクチャ全体およびモデルの設計の例として、デプロイ可能なカナリアモデルパターンをアーキテクチャ全体の基礎とした構成を図3.10に示す。ここでは、内部的に説明可能な予測パターンに基づき、決定木等の説明容易な機械学習モデルをカナリアとして採用することとしている。この構成において、①外部条件を含め完全な入力データをアーカイブし、②説明可能なカナリアモデルと説明不可能な本番モデルを突き合わせて、③モデル出力の異変を検知し、再現や再訓練を実現する。この例では加えて、多様なデータの扱いのために機械学習のためのデータレイクパターンを適用している。

3.5 パターンを組み入れた段階的なアーキテクチャ設計

実際の設計においては、ここまでに解説した参照アーキテクチャや設計原則、各種のパターンを的確に具体化して、さまざまな品質要求を的確に満足するようにプロセス上で扱う必要がある。そのためには、機械学習モデルおよびシステムに対する品質要求に基づいて、その実現に必要な設計上の原則やパターンを段階的に用いていく方法が有用である。そこで本節では、機械学習によらず有用な品質駆動の段階的なアーキテクチャ設計手法を解説する。さらに、前節の各種の機械学習デザインパターンを組み入れて機械学習モデルやシステムのアーキテクチャを設計する簡単な例をあわせて説明する。

3.5.1 品質駆動のアーキテクチャ設計

アーキテクチャ設計手法の一つとして、Attribute-Driven Design（ADD：品質属性駆動設計）がある[16]。ADD は、徐々に反復的に設計を洗練化する手法である。アーキテクチャドライバ（要求）を優先順位付けし、上位のものから順にその要求を満たす設計を検討する。下位の要求は上位の要求を満たす範囲内で限定的に満足する形となる。設計の検討の際には前述の参照アーキテクチャやデザインパターンなどの過去の優れた知見を参考にする。主要なアーキテクチャドライバを以下に挙げる。

- 主な機能要求
- 品質要求
- 制約：技術、組織、顧客など
- システムの種類：新システム（ドメイン未知、既知）、既存システム

変更など

- 設計目的：プロトタイプ、顧客用、連続的進化など
- 関心事：その他の設計上必要な決定

ADDに基づくアーキテクチャ設計の段階的な流れを図3.11に示す。図に示すように、要求を優先順位付けしたうえで、イテレーションごとに扱う要求を実現するようにアーキテクチャを段階的に洗練化する。

例えば、ウェアラブルセンサから得られたデータに基づき疲労度を機械学習により予測するヘルスケアシステムのアーキテクチャ設計を考える[10]。機能要求としては計測や疲労度の表示、品質要求としては新規ユーザのデバイスの容易な追加や、データ処理方式の容易な追加、デバイス接続の一時的切断時のデータ表示の継続などが考えられる。また制約や他の関心事としては、疲労度を予測する機械学習モデルは専門チームにより開発されることや、機械学習モデルの実行時更新は扱わないこと、さらには、将来の機械学習モデルの更新に備えて計測データをすべてシステム内に保存することなどがあげられる[10]。

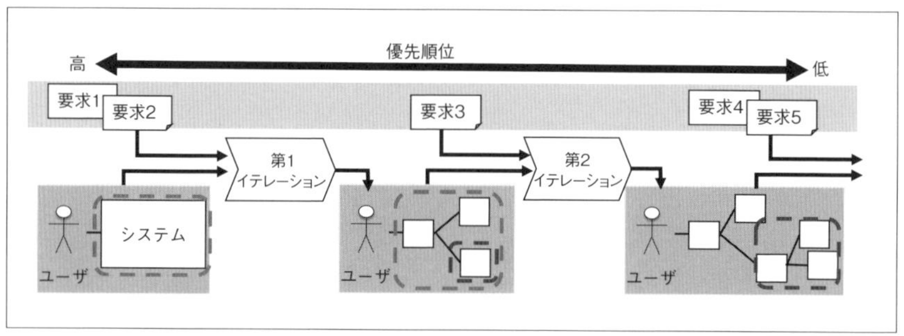

〔図3.11〕ADDに基づくアーキテクチャ設計の流れ[10][16]

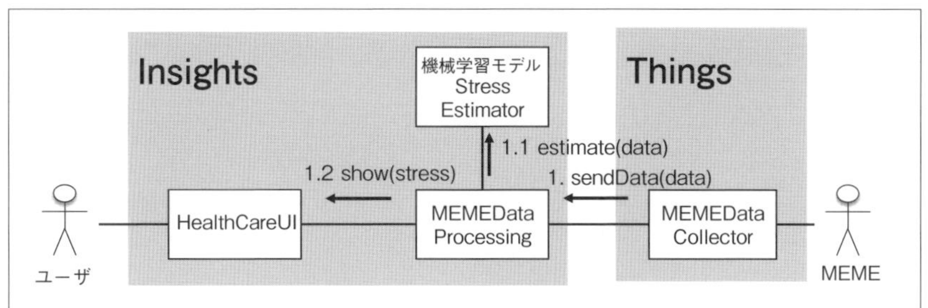

〔図3.12〕ADDに基づくアーキテクチャ設計例：最初のイテレーション[10]

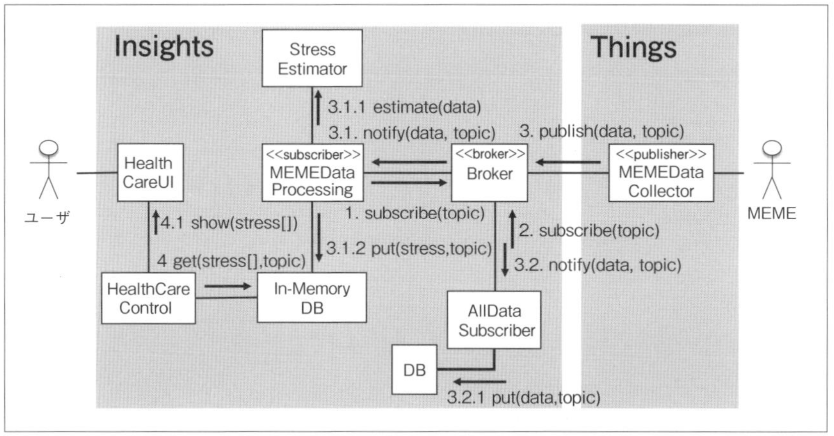

〔図3.13〕ADDに基づくアーキテクチャ設計例：以降のイテレーション[10]

この場合、最初のイテレーションにおいて機能要求や機械学習モデルの制約を考慮すると、図3.12に示すような参照アーキテクチャ（3.3.1節）に基づく初期のアーキテクチャを設計できる。ここで、Stress Estimatorが機械学習モデルに基づく予測部分である。

次のイテレーションにおいて、このアーキテクチャについて追加で、デバイスやデータ処理方式の追加対応、さらには、接続切断時のデータ表示継続ならびにデータ保存などの他の品質要求の満足を考慮すると、

図3.13に示すような追加のデザインパターン（ここでは機械学習によらないアーキテクチャパターンの一種であるブローカー（Broker）パターン[29]）や設計方針（ここではIn-Memory DBの採用など）を組み入れたアーキテクチャを設計できる。このようにADDでは、優先順位の高い要求に応じて段階的にアーキテクチャを設計していく。

3.5.2　機械学習デザインパターンによる品質駆動の設計例

ADDに基づき、機械学習デザインパターンを組み入れて機械学習システムのアーキテクチャを品質に駆動される形で段階的に設計する様子を、簡単な例を用いて説明する。具体的には、機械学習を応用したチャットボットシステムのアーキテクチャの設計を考える。機能要求としては、ユーザからの入力に応じて適切な応答を推論できることや、その実現のために過去のさまざまな質問応答データを扱えること、さらにはカレンダーといった関連アプリケーションとの連携などが考えられる。品質要求としては、自然な対話に向けて高い推論精度を有することや、そのための訓練データの追加・拡充や訓練モデルの変更が容易であること、さらには対話サービスとしてのロジックの変更のしやすさや関連アプリケーションの追加および連携のしやすさなどが考えられる。また制約や他の関心事としては、ロジックと機械学習モデルはそれぞれ異なるチームにより開発されることなどが考えられる。

最初のイテレーションにおいて、もっとも基本的な機能要求として、過去のさまざまな質問応答データに基づいた応答の推論を検討するものとする。その実現に向けたデザインパターンとして、機械学習のためのデータレイクパターンを選択できる。このパターンを用いると、図3.14

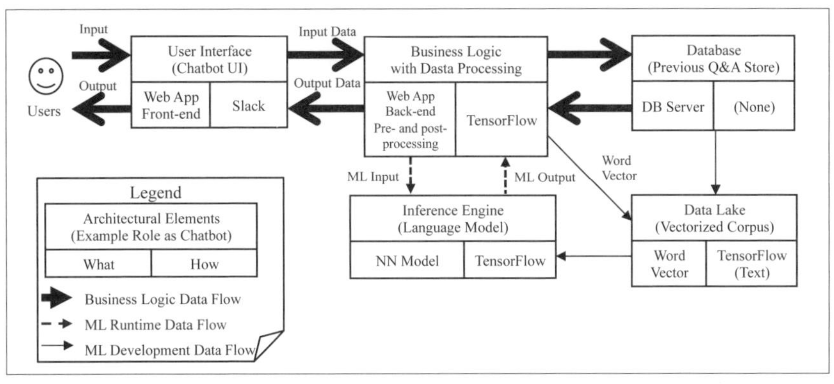

〔図3.14〕ADDに基づくチャットボットシステムの設計例：最初のイテレーション

に示すように、比較的シンプルな初期のアーキテクチャを設計できる。ここではデータレイクによりさまざまなデータを扱いつつ、機械学習モデルの訓練と応答の推論を実現する設計としている。ただしこの時点では、やや優先順位の低い拡張性や変更容易性を考慮していない。ビジネスロジックとデータ処理を同一のモジュールでまとめて実施する構成をとる。

続いて次のイテレーションにおいて、データの追加・拡充や訓練モデルの変更の容易さ、さらにはロジックの変更のしやすさを考慮すると、初期のアーキテクチャでは不十分であり、各箇所のさらなる関心事に応じた詳細化と分離が必要となる。そうした要求に対しては、機械学習モデルからのビジネスロジック分離パターンが適している。同パターンに基づく基本的なアーキテクチャの構成を図 3.15 に示す。同パターンに基づいてアーキテクチャを設計することで、ユーザインタフェース、ロジック、データの 3 層構造を持つ中でビジネスロジックに依存する箇所と機械学習モデルに依存する箇所を分離し、変更容易性や拡張性を高め

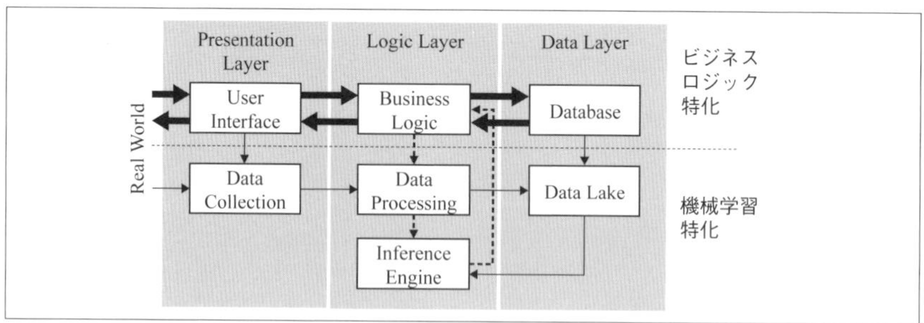

〔図3.15〕機械学習モデルからのビジネスロジック分離パターンが与える構造

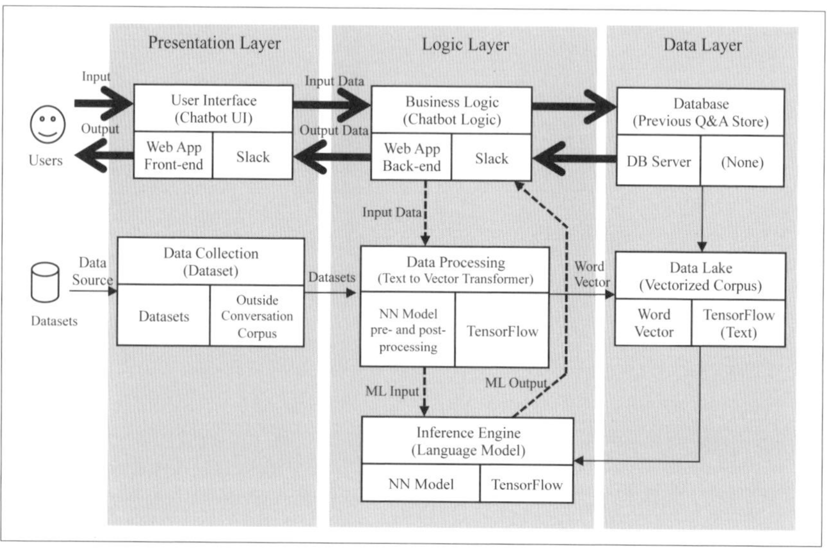

〔図3.16〕ADDに基づくチャットボットシステムの設計例:以降のイテレーション[27][31]

られるためである。

そこで、機械学習モデルからのビジネスロジック分離パターンを初期のアーキテクチャに対して追加的に適用して得られる設計の例を図3.16に示す。図3.16において、3層構造によるチャットボットシステムのユーザインタフェースやロジックの個別的な変更や拡張に加えて、それぞれの層の中で機械学習モデルに依存する箇所と独立した個所を明確に分離できているため、チャットサービスを維持したままでの精度向上を目的とした機械学習モデルの変更や、逆に機械学習モデルを維持したままでのチャットサービスの変更や拡充などを可能としている。例えば図において、精度向上のために新たに外部から得た会話コーパスデータを追加して用いる設計としている。

3.6 本章のまとめ

本章では、代表的なプロセスモデルやプラクティスを参照して機械学習システムの開発プロセスの全体を概観したうえで、設計の概念を解説し、特に機械学習システムの設計においてアーキテクチャの明示的な検討と扱いが不可欠であることを解説した。アーキテクチャの設計にあたり再利用可能な知見や定石として、特定の問題領域や技術領域における半完成のテンプレートとしての参照アーキテクチャを紹介するとともに、設計において避けるべき技術的負債の考え方、およびその解消に向けた設計の方針や原則も解説した。

ただし設計上の方針や原則は抽象的な考え方を提示するにとどまるため、状況や問題を限定することで具体化された各種の機械学習デザインパターンをあわせて解説した。これは、機械学習システムの開発において繰り返し登場する設計上のベストプラクティスを問題と解決としてまとめたものである。扱う状況や問題が類似していれば、これらのデザインパターンを再利用することでより直接的に効率よく効果的に設計を進められる可能性がある。

最後に、品質などに駆動される形で、その実現に必要な設計上の原則やパターン、参照アーキテクチャなどを段階的に用いていく堅実なアーキテクチャ設計の手法ADDを解説した。これを機械学習システムやモデルのアーキテクチャ設計に用いることで、システム全体や部分の設計において早い段階から品質要求を含む各種のアーキテクチャドライバの扱いを明確とし、意思決定の根拠や過程を明確とした形で、機械学習の参照アーキテクチャや機械学習デザインパターンなどを組み入れられる。例により複数回のイテレーションを経て機械学習システムやモデルのアーキテクチャを拡充させていく様子を具体的に説明した。

本章の内容が、機械学習システムの高信頼かつ高効率な設計や保守改訂の一助となれば幸いである。また設計上のプラクティスや機械学習デザインパターンといった知見は、機械学習システムの開発運用の積み重ねの中で、見直され、追加され、広がることが期待される。本章が、読者における実践の結果に基づきそうした拡張や広がりへとつながるきっかけとなれば幸いである。

参考文献

[1] Rudiger Wirth and Jochen Hipp. CRISP-DM: Towards a Standard Process Model for Data Mining. In the Fourth International Conference on the Practical Application of Knowledge Discovery and Data Mining, pp. 29–39, 2000.

[2] Saleema Amershi, Andrew Begel, Christian Bird, Robert Deline, Harald Gall, Ece Kamar, Nachiappan Nagappan, Besmira Nushi, and Thomas Zimmermann. Software Engineering for Machine Learning: A Case Study. In

41st ACM/IEEE International Conference on Software Engineering: Software Engineering in Practice (ICSE-SEIP), pp. 291–300, 2019.
[3] Manifesto for agile software development. https://agilemanifesto.org/.
[4] Neal Analytics. Enable MLOps with a proven methodology. https://nealanalytics.com/expertise/mlops/.
[5] @arrowKato. Mlops の各社の定義まとめ. https://qiita.com/arrowKato/items/0e664a1a9f3bfb6a0403, 2020.
[6] Yasuhiro Watanabe, Hironori Washizaki, Kazunori Sakamoto, Daisuke Saito, Kiyoshi Honda, Naohiko Tsuda, Yoshiaki Fukazawa, and Nobukazu Yoshioka. Preliminary literature review of machine learning system development practices. In 2021 IEEE 45th Annual Computers, Software, and Applications Conference, COMPSAC 2021, pp. 1407–1408, 2021.
[7] 松本吉弘（翻訳）. ソフトウェアエンジニアリング基礎知識体系 －SWEBOK V3.0－. オーム社, 2014.
[8] ISO/IEC/IEEE. Systems and software engineering – Architecture description. ISO/IEC/IEEE 42010:2011, pp. 1–46, 2011.
[9] CMU SEI. Software architecture － software engineering institute. https://www.sei.cmu.edu/our-work/software-architecture/.
[10] 鄭顕志. アーキテクチャ・品質エンジニアリング. スマートエスイー, 2018.
[11] Microsoft. Azure IoT 参照アーキテクチャ. https://docs.microsoft.com/ja-jp/azure/architecture/reference-architectures/iot.
[12] 久保隆宏. 機械学習で泣かないためのコード設計 2018. https://www.slideshare.net/takahirokubo7792/2018-97367311.

[13] D. Sculley, Gary Holt, Daniel Golovin, Eugene Davydov, Todd Phillips, Dietmar Ebner, Vinay Chaudhary, and Michael Young. Machine Learning: The High Interest Credit Card of Technical Debt. In NIPS 2014 Workshop, SE4ML: Software Engineering for Machine Learning, 2014.

[14] Yu Ishikawa.「機械学習：技術的負債の高利子クレジットカード」のまとめ. https://atl.recruit.co.jp/blog/2745/.

[15] D. Sculley, Gary Holt, Daniel Golovin, Eugene Davydov, Todd Phillips, Dietmar Ebner, Vinay Chaudhary, Michael Young, Jean François Crespo, and Dan Dennison. Hidden technical debt in machine learning systems. In Advances in Neural Information Processing Systems, pp. 2503–2511, 2015.

[16] Len Bass（著）, Rick Kazman（著）, Paul Clements（著）, 前田卓雄（翻訳）, 加藤滋郎（翻訳）, 吉野圭一（翻訳）, 佐々木明博（翻訳）, 新田修一（翻訳）. 実践ソフトウェアアーキテクチャ. 日刊工業新聞社, 2005.

[17] Valliappa Lakshmanan（著）, Sara Robinson（著）, Michael Munn（著）, 鷲崎弘宜（翻訳）, 竹内広宜（翻訳）, 名取直毅（翻訳）, 吉岡信和（翻訳）. 機械学習デザインパターン データ準備、モデル構築、MLOps の実践上の問題と解決. オライリージャパン, 2021.

[18] Hironori Washizaki, Hiromu Uchida, Foutse Khomh, and Yann-Gaël Guéhéneuc. Studying Software Engineering Patterns for Designing Machine Learning Systems. In 10th International Workshop on Empirical Software Engineering in Practice, IWESEP 2019, pp. 49–54, 2019.

[19] Hironori Washizaki, Foutse Khomh, and Yann-Gaël Guéhéneuc. Software Engineering Patterns for Machine Learning Applications (SEP4MLA). In 9th Asian Conference on Pattern Languages of Programs (AsianPLoP 2020), pp.

1–10, 2020.

[20] Hironori Washizaki, Foutse Khomh, Yann-Gaël Guéhéneuc, Hironori Takeuchi, Satoshi Okuda, Naotake Natori, and Naohisa Shioura. Software Engineering Patterns for Machine Learning Applications (SEP4MLA) Part 2. the 27th Conference on Pattern Languages of Programs in 2020 (PLoP' 20), pp. 1–10, 2020.

[21] Jomphon Runpakprakun, Sien Reeve Ordonez Peralta, Hironori Washizaki, Foutse Khomh, Yann-Gaël Guéhéneuc, Nobukazu Yoshioka, and Yoshiaki Fukazawa. Software Engineering Patterns for Machine Learning Applications (SEP4MLA) Part 3 Data Processing Architectures. In the 28th Conference on Pattern Languages of Programs (PLoP 2021), pp. 1–11, 2021.

[22] 澁井雄介. AI エンジニアのための機械学習システムデザインパターン. 翔泳社.

[23] 鷲崎弘宜, 名取直毅, 竹内広宜, 奥田聡, 本田澄, 土肥拓生, 内平直志. 機械学習応用のためのソフトウェアエンジニアリングパターン. https://smartse.connpass.com/event/178625/presentation/, 2020.

[24] Fernando López-Martínez, Edward Rolando Núñez-Valdez, Vicente García-Díaz, and Zoran Bursac. A case study for a big data and machine learning platform to improve medical decision support in population health management. Algorithms, Vol. 13, No. 4, pp. 4–6, 2020.

[25] 鷲崎弘宜. ソフトウェアパターン－時を超えるソフトウェアの道－0. 編集にあたって. 情報処理, Vol. 52, No. 9, pp. 1117–1118, 2011.

[26] 鷲崎弘宜. ソフトウェアパターン概観. 情報処理, Vol. 52, No. 9, pp. 1119–1126, 2011.

[27] Hironori Washizaki, Foutse Khomh, Yann-Gaël Guéhéneuc, Hironori Takeuchi, Naotake Natori, Takuo Doi, and Satoshi Okuda. Software-Engineering Design Patterns for Machine Learning Applications. IEEE Computer, Vol. 55, No. 3, pp. 30–39, 2022.

[28] Daniel Ramage and Stefano Mazzocchi. Federated analytics: Collaborative data science without data collection. https://ai.googleblog.com/2020/05/federated-analytics-collaborative-data.html, 2020.

[29] Frank Buschmann, Regine Meunier, Hans Rohnert, Peter Sommerlad, Michael Stal, 金澤典子（翻訳）, 桜井麻里（翻訳）, 千葉寛之（翻訳）, 水野貴之（翻訳）, 関富登志（翻訳）. ソフトウェアアーキテクチャ－ソフトウェア開発のためのパターン体系. 近代科学社, 2000.

[30] 島根県 Ruby ビジネスモデル研究実証アドバイザリボード. Ruby の特徴を活かした開発手法のモデル事例. 2010.

[31] 石川冬樹, 丸山宏（編集, 著）, 柿沼太一, 竹内広宜, 土橋昌, 中川裕志, 原聡, 堀内新吾, 鷲崎弘宜（著）. 機械学習工学（機械学習プロフェッショナルシリーズ）, 講談社. 2022

[32] Joseph Yoder, Rebecca Wirfs-Brock, Ademar Aguiar, 鷲崎 弘宜 著, 翻訳：鷲崎 弘宜, 長谷川 裕一, 濱井 和夫, 小林 浩, 長田 武徳, 陳 凌峰. アジャイル品質パターン「QA to AQ」伝統的な品質保証からアジャイル品質への変革. 翔泳社, 2022

[33] Hironori Washizaki, Foutse Khomh, Yann-Gaël Guéhéneuc. Software Engineering Patterns for Machine Learning Applications (SEP4MLA) – Part 4 – ML Gateway Routing Architecture. 29th Conference on Pattern Languages of Programs (PLoP 2022), pp. 1-8, 2022

コラム 2：機械学習システムのテストと検証

本書では、AI プロジェクトの上流工程とマネジメントの観点に焦点を当て、テストや検証の工程については詳細には説明していない。深層学習に関するテスト技術の研究は、盛んに行われていて、機械学習工学に関する研究論文の半数はテストに関する論文である。実際に、ソフトウェア工学の最も権威のある国際会議である ICSE の 2022 年の技術トラックに記載された機械学習工学に関する論文のうち、ちょうど 50% がテストに関する論文であった 。

機械学習システムのテストの詳細については、情報処理学会の解説記事「機械学習応用システムのテストと検証」[1] や、「AI ソフトウェアのテスト」[2] といった書籍を参照してほしいが、ここでは機械学習のテストの概要を簡単に紹介する。

1.10 節では、AI システムの開発に関して、「テスト、品質の評価・保証」が「顧客と行う意思決定」についで 2 番目に「これまでの考え方がほとんど通用しなくなる」というアンケート結果を紹介した。前者の解説記事[1] では、この難しさを従来型のプログラムのテストと比較し、(1) データの品質管理が重要になるため、(2) 完璧な推論ルールを定義できない不完全さ性能指標の難しさがある、(3) 完璧なテストは存在しないといったテスト不可能性に原因があることを指摘している。

特にテスト不可能性に対しては、従来のテストデータ生成方法を深層学習に応用しようとする研究が多くなされており、メタモルフィックテスティングという手法が有名である。メタモルフィックテスティングでは、図コラム 1 に示したように特定の入力 (x) に対して正解となる出力

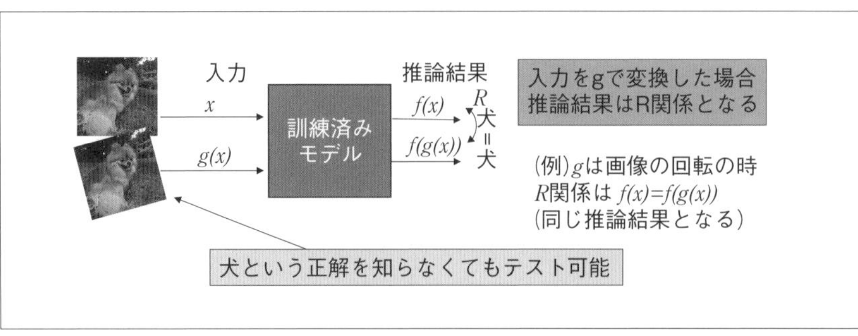

〔図コラム1〕メタモルフィックテストでは正解が分からない場合もテスト可能

$(f(x))$ を決定するのではなく、入力 (x) を変換 (g) で変換した結果 $(g(x))$、出力 $(f(x))$ がどのように変化する $(f(g(x)))$ かの関係 (R) を定義するテスト手法である。例えば、写真に写っている動物を識別する訓練済みモデルの場合、入力画像を少しだけ回転してもその推論結果は変化しない。

コンテンツのリコメンデーションの機械学習システムを考えた場合、リコメンデーションの２番目のコンテンツを取り除いても、コンテンツのリコメンデーション結果の相対順位は変化しないはずである。このように入力と出力の関係をテストすることにより、リコメンデーションのように正解を決定することが難しい機械学習モデルであってもメタモルフィックテストでその妥当性をテストできるようになる。メタモルフィックテストは、もともとコンパイラをテストするために1998年に提案されたテスト手法であるが、それが近年、機械学習のテスト手法として注目を浴びており、その手法を議論する国際ワークショップも毎年開催されるほどまでに有名になった。

「AIソフトウェアのテスト」[2]には、メタモルフィックテスト以外にも、ニューラルネットワークのすべてのニューロンが発火するまでテストを行うニューロンカバレッジテスティングや、入力に対して出力されうる値の範囲を計算する最大安全半径の手法、訓練済みモデルの推論式をプログラムに見立てて検証する網羅検証の方法について解説している。テスト技術について知りたければ参照してほしい。

参考文献

[1] 石川冬樹, 徳本晋, “機械学習応用システムのテストと検証”, 情報処理, 情報処理学会, 60 巻, 1 号, pp. 25-33 (2018)

[2] 佐藤直人, 小川秀人, 來間啓伸, 明神智之, AI ソフトウェアのテスト――答のない答え合わせ [4 つの手法], リックテレコム (2021)

第4章

AIプロジェクトのマネジメント

4.1　概要

現在、あらゆる産業でデジタルトランスフォーメーション（DX）が進んでいる。DXは、バズワード化しているが、本章では、経済産業省のDX推進ガイドライン[1]における定義「企業がビジネス環境の激しい変化に対応し、データとデジタル技術を活用して、顧客や社会のニーズを基に、製品やサービス、ビジネスモデルを変革するとともに、業務そのものや、組織、プロセス、企業文化・風土を変革し、競争上の優位性を確立すること」を用いる。すなわち、DXは、従来は手書きの書類やFAXなどアナログ的に扱われていたデータのデジタル化（デジタイゼーション）、デジタル化されたデータに基づく業務プロセスおよびシステムの変革（デジタライゼーション）だけでなく、ビジネスモデルや組織の変革も含む概念である。

DXにおいて収集・蓄積された膨大なデジタルデータの有効活用には、機械学習は不可欠であり、さまざまな産業・企業で機械学習を組み込んだシステム（機械学習システム）の開発が行われるようになってきた。ここで、機械学習システムの開発は、企業のDXを構成するプロジェクトの１つとしてとらえることができる。本章では、機械学習システム開発におけるプロジェクトマネジメントの特徴、難しさを整理するとともに、困難を乗り越えるための手法と具体的な事例を紹介する。

4.2　機械学習システム開発のプロジェクトマネジメントの特徴

「プロジェクト」とは、プロジェクトマネジメント知識体系ガイド（PMBOK）[2]によると「独自のプロダクト、サービス、所産を創造するために実施する、有期性のある業務」である。また、「プロジェクトマネジメント」とは、「プロジェクトの要求事項を満足させるために、知識、スキル、ツール、および技法をプロジェクト活動へ適用すること」である。PMBOKは、プロジェクトマネジメント協会（PMI）によりまとめられた個々のプロジェクトをマネジメントするためのガイドラインであり、プロジェクトマネジメントの概念定義やプロセスを示している。機械学習システムの開発も、独自で有期性があるのでプロジェクトであり、プロジェクトマネジメントの対象である。しかしながら、従来型の情報システムの開発と比べると、仕様を明確には決められず、データ依存の不確実性を有したままプロジェクトを進めなければならないため、プロジェクト計画時のスコープマネジメント、タイムマネジメント、コストマネジメント、品質マネジメント、リスクマネジメントが難しくなるケースが多い。

さらに、機械学習システムの開発（Dev）とシステムの運用／オペレーション（Ops）は、試行錯誤によるPDCA（Plan、Do、Check、Action）を回しながらシステムとして発展するという形態（MLOps, 3.2.2節参照）が適している場合も多い。産業技術総合研究所の「機械学習品質マネジメントガイドライン」[3]では、機械学習システム開発のライフサイクルプロセスには「PoCでの分析段階」「繰り返し型の開発段階」「DevOps的な運用改善段階」の3段階があるとし、各段階で試行錯誤のサイクルが回っているとした（図4.1）。また、3つの段階の外側のサイクルも存在する。各段階･各サイクルをプロジェクトと捉え、あるべき姿の実現に向けて、相互に関連するプロジェクト群を継続的に管理する「プログラムマネジメント」[4]と捉える方が適切な場合も多い。

以上のように、機械学習システム開発プロジェクト（AIプロジェクト）

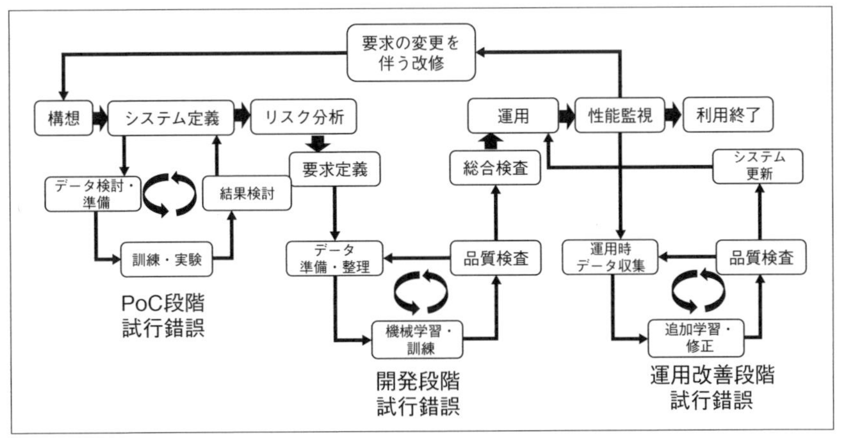

〔図4.1〕機械学習システム開発のライフサイクルプロセス[3]

では、段階的かつ継続的に「不確実性」と「試行錯誤」のマネジメントを行うことが重要な鍵になり、それを可能とするプロジェクトマネジメント手法が求められる。

4.3　通常の IT システムの開発と機械学習システムの開発の違い

カーネギーメロン大学の Software Engineering Institute の Ozkaya[5] が、通常の IT システムの開発と機械学習システムの開発の違いを詳しく列挙しているが、そのポイントは以下のようなものである (1.9 節も参照)。

1. システムの仕様記述と検証が難しい

機械学習システムは、従来の多くの IT システムと異なり、前もって仕様を記述できない。実際には、従来の IT システムでも事前に把握できない「不確実性」はあるが、データに依存する機械学習システムでは、その「不確実性」が本質的である。システムの仕様を事前に記述できなければ、その検証は難しい。

2. システムの変更を管理できない

機械学習システムでは、データ依存性によって引き起こされる依存性が重大な障害の原因となる。データ依存性により機械学習システムは、CACE（Changing Anything Changes Everything）と呼ばれる一部の変更が全体に影響する特性を持つ。特に機械学習コンポーネントを持つシステムは、隠れた依存関係を管理することが難しい。すなわち、CACEの特性により、システム変更の伝播を管理することが難しい。変更の伝播を管理できないと、技術的負債（根本的な解決でなく対症療法で先延ばしされた技術的な問題）を抱えることになる。

3. 機械学習コンポーネントを含む信頼性の高いシステムの構築が難しい

機械学習システムは、機械学習コンポーネントを含むシステムであるが、独立して開発された信頼性のない、予測不可能な複数の機械学習コンポーネントから、信頼性の高いシステムを構築することは難しい。

4. 試行錯誤を含む統一的な開発ツール・フレームワークは存在しない

データを分析し、さまざまな学習アルゴリズムを実験し、機械学習モデルの初期バージョンの作成を支援するツール・フレームワークは急速に普及しているが、この試行錯誤的な方法と、最終的なシステムの構築方法（ウォーターフォール型開発など）とはギャップがある（4.7.3 事例 3 参照）。

これらの違いは機械学習システムの特性であり、プロジェクトマネジメントの知識エリアの「スコープマネジメント」「スケジュールマネジメント」「コストマネジメント」「品質マネジメント」「リスクマネジメント」に関係する。さらに、機械学習モデルの開発をAIベンダーに委託する場合は、システムの仕様記述と検証が難しさは「調達マネジメント」に大きく関係する。

また、小西と本村[6]は、産業技術総合研究所が企業と取り組んだ28件の機械学習システムのプロジェクトを分析し、成功の要因として下記の項目を挙げている。

①プロジェクトの目的や活用シナリオが明確で、目標となる指標（KPI：Key Performance Indicator）が設定できる。
②現場のニーズが強くモチベーションが高く協力が得られる。
③必要なデータが低コストで持続的かつ拡張的に収集できる。
④社内体制が構築でき運用と改善が継続できる。

③は機械学習システムに特徴的であり、機械学習システムの成功にはデータの収集が鍵となる。①②④は一般の情報システムにも共通するかもしれない。しかし、一般の情報システムに比べて、機械学習システムは、試行錯誤でPDCAを回しながらシステムとして進化するという側面が強く、より重要な成功要因として意識すべきである。

マイクロソフトのAmershiら[7]は、マイクロソフトのAIプロジェクトの事例分析を行い、従来のソフトウェア開発とAIシステム開発の違いとして、(1) データの管理、(2) モデルのカスタマイズと再利用、(3)

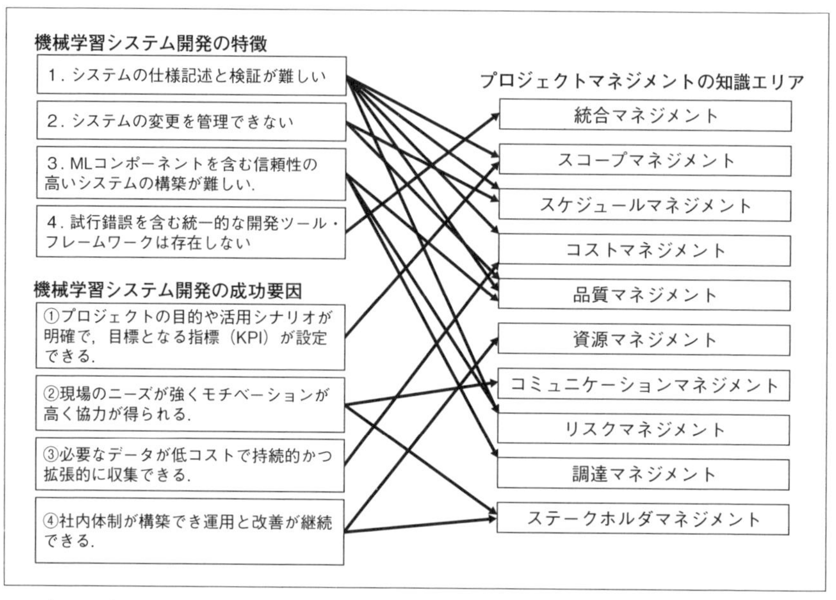

〔図4.2〕機械学習システム開発の特徴・成功要因と関連する知識エリア

モデルの部品化、の3点を挙げている。データの管理は、産業技術総合研究所の分析と同じだが、機械学習で作成されたモデルの取り扱いも重要であり、カーネギーメロン大学のOzkaya[5]による機械学習コンポーネントの難しさの指摘と同じである。

機械学習システムによる人間の業務の自動化においては、必要なデータの収集のためには現場の担当者の協力が不可欠だが、現場の担当者にとっては本来業務でない余計な作業であり、さらに自動化によって自分の仕事がなくなるという危惧もあり、協力を得るのは簡単ではない。田中と久保[8]は、AIを活用した業務自動化プロジェクトにおいて、データの整備やモデルの評価・調整に多くの現場関係者の本来業務以外の協力が不可欠であり、関係者の積極的な協力を得るためには、「ありのままの姿」から「あるべき姿」への「優れたシナリオ」が有効だとし、それをP2M(Project&Program Management)に基づき考察した。P2Mでは、「あるべき姿」を複数のプロジェクト群で実現する。「優れたシナリオ」には、「あるべき姿」が実現できるという「根拠」と「あるべき姿」が自分たちにとってもメリットになるという「魅力」が必要となる。これは、プロジェクトマネジメントの知識エリアの「コミュニケーションマネジメント」「ステークホルダマネジメント」に関係するが、機械学習システムのプロジェクトマネジメントで非常に重要な要素である。

上記の機械学習システム開発のプロジェクトマネジメントの特徴をPMBOKの知識エリアとの関連性をまとめたものが図4.2である。

4.4 機械学習システム開発のプロジェクトマネジメントの難しさ

前述のような特徴を持つ機械学習システム開発のプロジェクトマネジメントの難しさは広く認識されており、IPAの「AI白書2019」[9]や新エネルギー・産業技術総合開発機構（NEDO）の「産業分野におけるAI及びその内の機械学習の活用状況及びAI技術の安全性に関する調査報告書」[10]などさまざまな報告書や書籍で言及されている。

筆者らは、機械学習システム開発の課題とニーズを各種文献および企業・専門家へのインタビューに基づき整理し、12個のカテゴリから成る課題・ニーズマップを作成した[11]。12個のカテゴリは、(1)信頼性・安全性、(2)効率・生産性、(3)プロセス管理、(4)人間とAIの関係、(5)ビジネス・経営、(6)基準の必要性、(7)AIの正しい理解、(8)AI人材育成、(9)データ・モデル流通、(10)セキュリティ・プライバシー、(11)政策・社会システム、(12)法制度・規制、である。特に、プロジェクト

カテゴリ	具体的な課題（例）
信頼性・安全性	学習時と運用時のデータの違い、悪意を持ったユーザへの対応、モデル洗練化とコストのバランス、どこまで検証すればよいか不明、帰納（機械学習）と演繹（ルール・物理モデル）との融合。
効率・生産性	適切なモデル・アルゴリズムの選択、タグ付けコストの削減、モデルの再利用、バージョン管理。
プロセス管理	モデルの精度が事前に予想できない、ゴールが変動する、開発工数が読めない、現場からのデータ収集時のさまざまな困難、運用時のモデルのメンテナンスの体制。
人間とAIの関係	現場・顧客がAIの結果を受け入れない（解釈可能性）、AIに頼る人間の能力の低下。
ビジネス・経営	PoC（Proof of Concept）貧乏、マネタイズの難しさ。
基準の必要性	安全基準・品質保証ガイドラインの必要性、契約時の免責、障害時の責任。
AIの正しい理解	AIブームに翻弄（AI導入が目的化）、AIの限界の理解不足。
AI人材育成	AIを活用できる経営者・ユーザ・マネージャ・システム開発者の人材不足。

〔表4.1〕機械学習システム開発の課題とニーズ

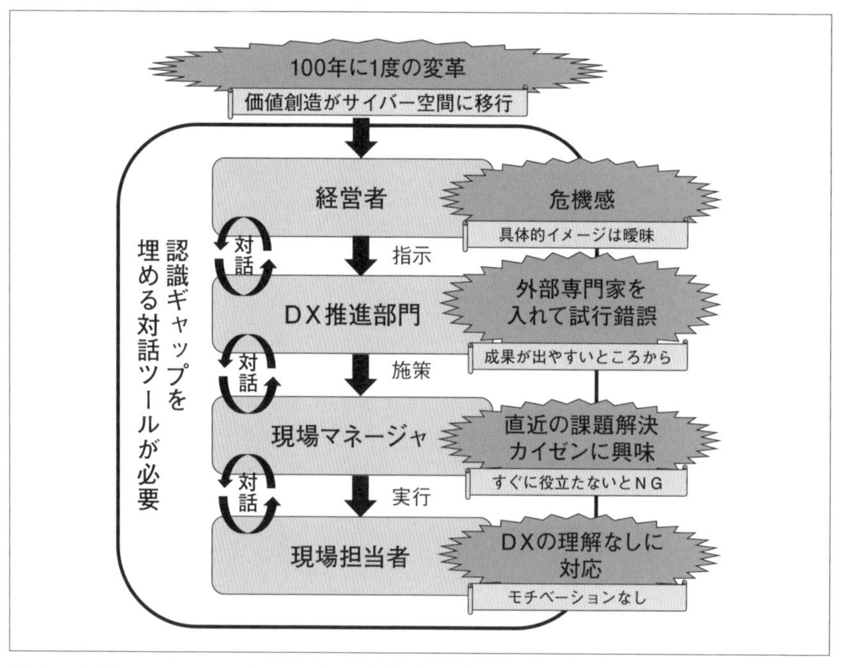

〔図4.3〕「DX＝100年に一度の変革」と「DX＝カイゼン」の認識ギャップ

マネジメントの観点からは、(1) から (8) が重要である。それぞれの具体的な課題・ニーズの例を表 4.1 に示す。

プロジェクトマネジメントの成功の鍵は、将来のリスクを早期に検出し、対策を取ることである。上記の機械学習システム開発の課題は、現時点で解決できていないものがほとんどであるが、機械学習システム開発 (AI) プロジェクトを企画・計画する段階で、これらの課題に起因する困難やリスクを幅広く認識し、経営者・ユーザ (現場)・開発者などのステークホルダ間で共有することが重要となる。

また、機械学習システムを含む DX では、さまざまなステークホルダの協働が不可欠である。しかし、DX のステークホルダ (経営者、DX 推

ギャップ名	説明	例
情報 (形式知)	情報の非対称性によるギャップ。ここで情報とは伝達可能な形式知とする。	D X 推進部門が持っている最新の AI 技術に関する情報を現場は知らない。
経験 (暗黙知)	関係者の過去の経験に基づく知識のギャップ。暗黙的な知識で伝達が難しい。	DX 推進部門や IT ベンダーが現場の実態を知らずに理想論で DX を推進しようとする。
将来認識	DX の目的や方向性や道筋に関する認識の違い。主に将来に関する認識の違い。	経営者は DX を推進しないと会社の将来はないと危機感を持っているが、現場は今の延長でも問題ないと思っている。
評価基準	それぞれの部門の評価基準・優先度の違い。	DX 推進部門は DX を進めたいが現場は直近の業務の着実な遂行を優先する。
利害	部門間で利害が相反する。	IT ベンダーにとって顧客企業データをすべて欲しいが、顧客企業とってノウハウを IT ベンダーに提供したくない。
相互信頼	部門間の信頼が十分でなく、不確実な将来に対してネガティブに考える。	D X が本当にうまくいくのかわからないが、D X 部門の信頼できる人が言うのでついていく。
取組ペース	部門間で DX 推進のペースが合わない。	DX 推進部門と従来型の現場では取り組みのペースが異なる。

〔表 4.2〕ステークホルダ間の協働を阻害する要因

進部門、現場マネージャ、現場担当者）間には図4.3に示すような認識のギャップがあり、協働を阻害している。すなわち、経営者は100年に1度の変革への危機感を持っているが、現場に近づくに従い直近で役立つカイゼン的なものに矮小化され、既にカイゼンが進んでいる現場では投資対効果が見えない．筆者らは、DX推進関係者のインタビューに基づきステークホルダの協働を阻害する7つの要因を整理した[12](表4.2)。これらの阻害要因は、インタビューで得られた実際の苦労談からその根本的な要因を掘り下げてまとめたものである。特に、大企業は中小企業に比べて阻害要因が顕在化する場合が多い。このステークホルダ間の協働の阻害要因を除去するためには、戦略技術ロードマッピング手法やデジタル・イノベーションデザイン手法やビジネスAIアライメントモデルなどのステークホルダ間の対話ツールが必要となる（4.6節および5章で紹介）。

4.5　人間と機械の協働と機械学習システムの深化プロセス

機械学習システムでは、人間と機械（AI）の協働が極めて重要である。人間と機械の協働の設計に関しては、現時点ではあまり大きな課題にはなっていないが､今後は極めて重要な課題になってくると思われる。「知性と自律性を備えた賢い機械の力を借りながら人がシステムを制御する」ことに関する人間と機械の協働の問題[13]は、古くて新しい問題であり、ヒューマン・マシン・インタフェース等の分野で20世紀後半から検討され、航空機の自動運転とパイロットの協働などさまざまな研究・開発が行われてきた。特に､最近は自動運転システムで注目されている。ドーアティとウィルソンは「人間＋マシン　AI時代の8つの融合スキル」[14]において、人間と機械（AI）が協働する領域には、人間による機械の補完（訓練、説明、維持）とAIによる人間へのスーパーパワーの付与（増幅、相互作用、具現化）があるとした（図4.4）。人間と機械の協働に必要な8つのスキル、(1) 人間性回復スキル、(2) 定着化遂行スキル、(3) 判断プロセス統合スキル、(4) 合理的質問スキル、(5) ボットを利用した能力拡張スキル、(6) 身体的かつ精神的融合スキル、(7) 相互学習スキル、(8) 継続的再設計スキル、を提示した。また、人間と機械（AI）の協働においては、人間が機械をどのように信頼できるかが重要なテーマであり、米国国立標準技術研究所（NIST）のドラフトレポート「Trust and Artificial Intelligence」[15]では、AIシステムの設計者にとってのシステムの信頼（トラスト）を高めるために必要な9つの技術的特性として、(1) Accuracy、(2) Reliability、(3) Resiliency、(4) Objectivity、(5) Security、(6) Explainability、(7) Safety、(8) Accountability、(9) Privacyが提示されている。信頼を考慮した人間と機械の協働の設計は世界的にも

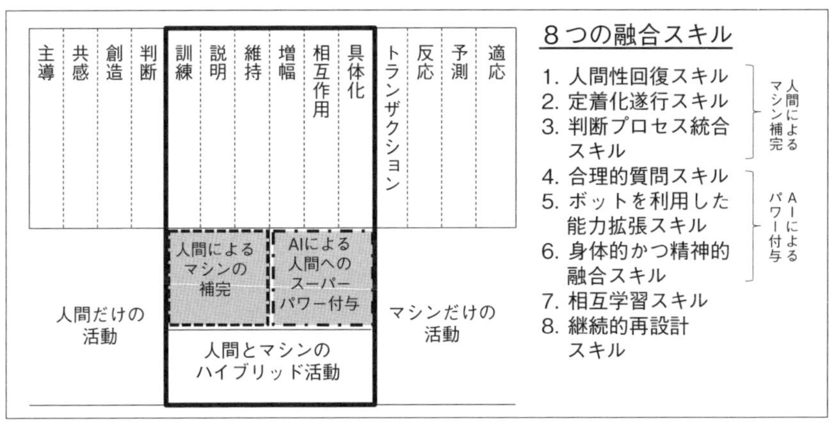

〔図4.4〕AI時代の8つの融合スキル

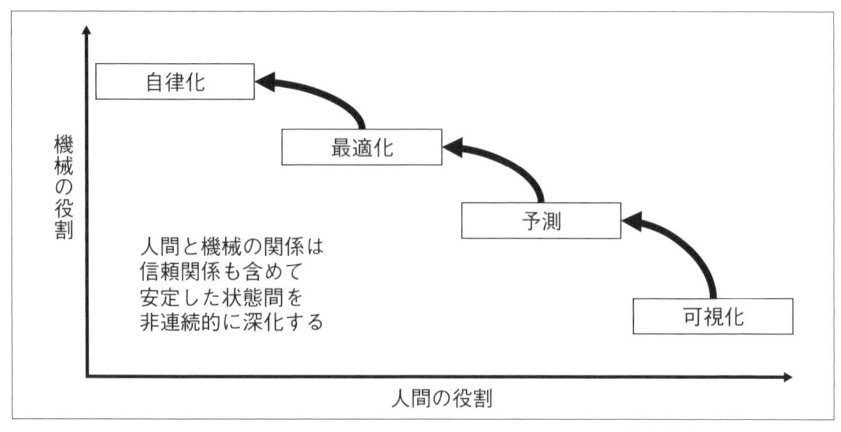

〔図4.5〕機械学習システムの深化プロセス[16]

注目されてきている。

このような人間と機械（AI）の協働は、段階的に深化する。すなわち、人間と機械を含むシステムでは、機械の進化とともに人間や社会の認識や役割も進化する「共進化」が不可欠であるが、共進化は連続的ではなく非連続的・段階的に行われる。具体的には、人間と機械の関係が段階的に進化する「フェーズ」を設定し、各フェーズにおいて人間と機械が共創する価値を設計する必要がある。典型的な機械学習システムの自動運転システムでは、運転者と自動運転支援システムの関係性で6つのレベル（レベル0：運転自動化なし、レベル1：運転支援、レベル2：部分運転自動化、レベル3:条件付き運転自動化、レベル4:高度運転自動化、レベル5：完全運転自動化）が設定されているが、これがフェーズに対応する。ここで、自動運転システムは、各フェーズ（レベル）で人間と機械の関係性（どちらが主体か）が異なり、それを前提とした異なる仕様・製品として設計・品質保証される必要があり、非連続的・段階的な深化となる。

奥田ら[16]は、業務自動化（RPA：Robotic Process Automation）などの人間系を含む機械学習システム開発の具体的事例の深化パターンの分析に基づき、システム開発の4段階の深化プロセス（可視化、予測、最適化、自律化）を示した（図4.5）。多くの事例で、機械学習システムの開発プロジェクトは、現場のデータを収集し、わかりやすく可視化することで人間の意思決定を支援する「可視化」フェーズから始まる。データが蓄積できると、機械学習などによりデータを分析し何らかの予測・推定を行い、人間の意思決定を支援する「予測」フェーズに深化する。ここまでは、人間が主体である。さらに深化すると、データに基づき機械が最適化（意思決定）を行い、人間が確認する「最適化」フェーズになる。最終的には、通常運用時には人間の確認を行わず機械が判断を自律的に行う「自律化」フェーズになる。奥田ら[16]は、事例に基づき各フェーズの特徴と課題を整理した。プロジェクトマネージャは、深化パターンを把握することで、現在開発中の人間系を含む機械学習システムを、継続的に発展させていくための戦略技術ロードマップ作成時のヒントを得ることができる。

4.6　機械学習システム開発のプロジェクトマネジメント手法

機械学習システム開発のプロジェクトマネジメントに関しては、現実の課題とニーズが先行し、研究開発はようやくさまざまな基盤が整ってきた段階である。これから実務上の課題解決に向けた研究開発が本格化してくることが期待される。ここでは、機械学習システム開発のプロジェクトマネジメントの企画段階で重要となる「ステークホルダ間の対話ツール」として、戦略技術ロードマッピング手法とデジタル・イノベーションデザイン手法を紹介する。また、より詳細なシステム企画段階の手法（ビジネスAIアライメントモデル）は5章で紹介する。

戦略技術ロードマッピング手法

ロードマッピングとは、組織でロードマップを作成するための手法である。戦略技術ロードマッピングは、技術経営の重要なツールの1つであり、多くの先行研究がある。ロードマッピングには、未来のありたい姿／人間・社会の価値を実現するためにどのような製品・サービスの機能・技術開発が必要かを導き出すバックキャスティング（backcasting）型と現状の技術の延長線上で実現できる製品・サービスの機能とそれが生み出す人間・社会の価値を描くフォアキャスティング（forecasting）型がある。前者は、人間・社会のニーズ・課題起点であり、新製品・サービスのターゲット市場と要件が明確な場合には、バックキャスティング型のアプローチが有効である。Phaalら[17]は、バックキャスティング型の技術ロードマッピングのための手法（T-Plan）を提案している。後者は、技術起点である。学術界のロードマッピングでは、既存の技術体系をベースに演繹的に今後の技術的進化を考えるフォアキャスティング型のアプローチが一般的である。

機械学習システムでは、前述のように人間と機械（AI）の価値共創と深化が重要な視点である。人間と機械を含むシステムの戦略技術ロードマッピングにおいても、深化プロセスを考慮したロードマップが必要になる[18]。具体的には、人間と機械の関係が段階的に深化する「フェーズ」を設定し、各フェーズにおいて人間と機械が共創する価値を明らかにし、

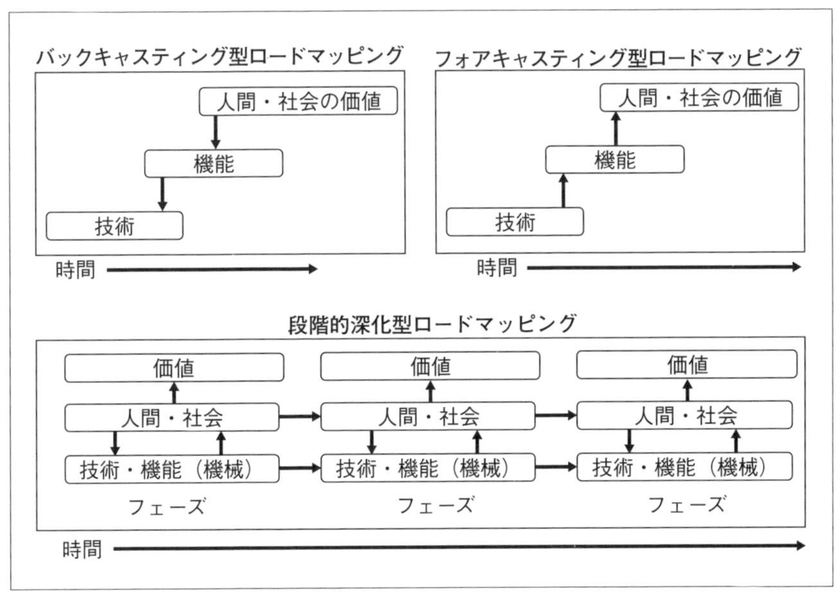

〔図4.6〕段階的深化型ロードマッピング

それに必要な技術・機能を導く。これを段階的深化型ロードマッピングと呼ぶ（図 4.6）。このような段階的深化型のロードマップをステークホルダで共有し認識ギャップを埋めた上で、各フェーズの機械学習システムの開発プロジェクトを進めることが成功の鍵となる。

デジタル・イノベーションデザイン手法

デジタル・イノベーションは、産業界にとって大きな機会だが、同時に多くの困難が存在する。特に、機械学習を含む AI や IoT の活用は中堅・中小企業にとって、新しい価値を生み出し、成長する大きなチャンスであるが、現実にはその実現は容易ではない。そこで、限られた ICT の専門家だけでなく、中堅・中小企業および非 ICT 企業でもデジタル・

イノベーションを実現する工学的な設計手法が望まれる。工学的な設計手法とは、設計に必要な視点、チャート（フレームワーク）、手順を提供し、個人の能力や暗黙的なスキルに過度に依存することなく設計を可能にし、設計した結果をステークホルダ間で共通に理解できるようにする手法である。

著者らが提案する「デジタル・イノベーションデザイン手法」[19]は、価値提供キャンバスといくつかのフレームワークを組み合わせて手順化した手法である。この手法は、AIやIoTを活用するデジタルビジネス開発プロジェクトの企画段階（概念設計）で用いる手法であり、提案者の思考を整理するとともに、ステークホルダ間の対話ツールとして活用できる。デジタル・イノベーションデザイン手法は、「価値設計」、「システム設計」、「戦略設計」、「プロジェクト設計」の4つのステップで構成されている（図4.7）。そして各ステップで用いるフレームワークとして、「価値提供キャンバス」、「SCAIグラフ」、「オープン&クローズ・キャンバス」「プロジェクトFMEA」などを用いる。この手法では、Step1で

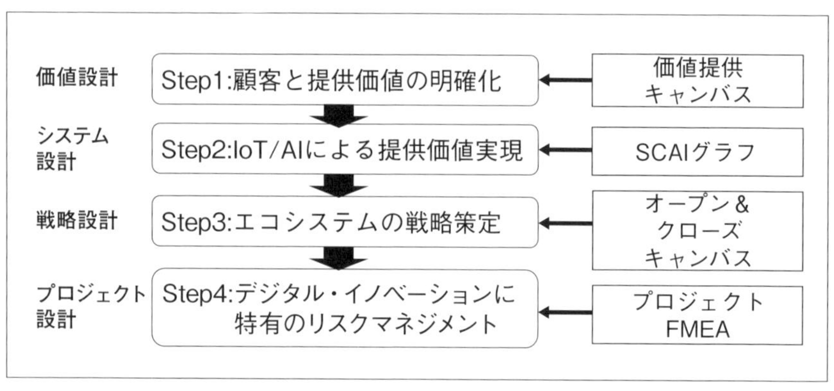

〔図4.7〕デジタル・イノベーションデザイン手法

価値提供キャンバスを用いて、顧客と提供価値を明確化する。Step2では、SCAIグラフを用いて提供価値をIoTとAI技術でどのように実現するかのアーキテクチャを記述し、Step3では、オープン＆クローズ・キャンバスを用いて、DX推進時に他者をどのように活用しエコシステムを構築するかの戦略を記述する。最後に、Step4で、プロジェクトの実施シナリオを作成し、実施時に想定されるリスクをプロジェクトFMEAにより抽出・分析・対策する。

手順に従ってチャートを作成することで、デジタル・イノベーションの構想（企画書）を構築できる。もちろん、イノベーション・デザイン手法を用いることで、必ず良いデザインができるというわけではない。手法はあくまでも道具でしかない。道具を活用するのは人間である。しかし、共通の理解を促進する手順とチャートを用いることで、デジタル・イノベーションの「機会」と「困難」を見える化し、多くのステークホルダ間で共通認識を持ち、適切な議論・判断を行うことにより、成功確率を高めることができる。

なお、ここで示す手法はあくまでも一例であり、製品やサービスの特性に合わせて最適なフレームワークを選択し手法をカスタマイズすることが重要である。以下に具体的な手順を説明する。

Step1：顧客と提供価値の明確化

新しいビジネスモデルを検討する際、まずは市場や顧客の顕在的・潜在的な課題やニーズを整理し、ビジネスモデルの基本コンセプトを創造する必要がある。そこでは、親和図法（KJ法）などの発想支援手法を用いる。次に、価値提供キャンバスを用いて、顧客は誰で、顧客に提案する価値は何であるかを明確にする。

Step2：IoT/AIによる提供価値の実現

Step1の価値提供キャンバスで抽出された提供価値に対して、IoTとAIを活用してセンサデータから提供価値をどのように生み出すのかを、SCAIグラフを用いて整理する（図4.8）。SCAIグラフは、4つの階層から構成され、各階層の「Sensing」「Connection」「Analytics & Intelligent

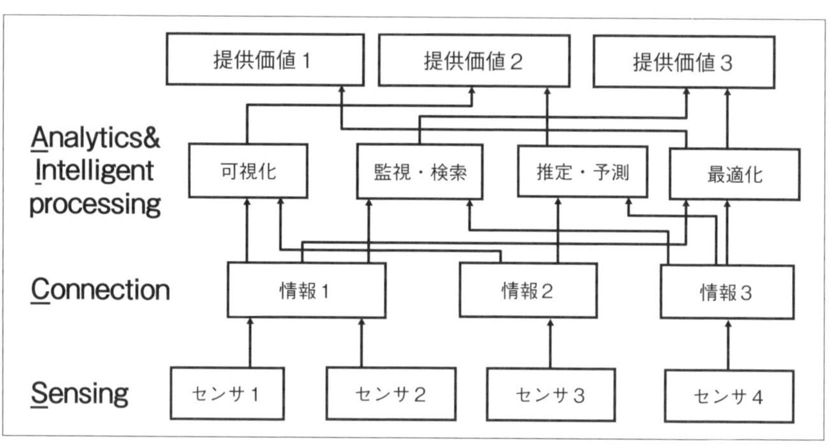

〔図4.8〕SCAIグラフ

処理タイプ	説明
可視化 （特定価値）	膨大なデータを人間が認識しやすい形で可視化する。可視化された情報を用いて判断するのは人間である。
監視・検索による特定 （特定価値）	膨大なデータからある条件を満たすものを自動的に抽出・特定する。
モデルによる推定・予測 （分析価値）	膨大なデータから統計的手法や機械学習手法によりモデルを構築し、モデルに基づき状態を推定・予測する。
最適化 （分析×特定価値）	「監視・検索による特定」および「モデルによる推定・予測」により得られた情報から、最適化手法等で最適な計画・判断を導出する。

〔表4.3〕分析・知的処理のパターン

processing」の頭文字をとってSCAIグラフと呼んでいる。この、「Sensing」「Connection」「Analytics & Intelligent processing」の実装は、近年、さまざまなIoTやAIのツールやクラウドサービスが提供されており、それらを利用することで容易に構築可能になってきている。

- Sensing：センサで生データを収集する。
- Connection：収集された生データを統合して情報にする。
- Analytics & Intelligent Processing：情報に対して分析・知的処理を行い、提供価値を生み出す。
- Value Proposition：価値提供キャンバスで抽出された提供価値

SCAIグラフでは、データを活用して提供価値を生み出す分析・知的処理を4つのタイプ（可視化、検索による特定、モデルによる推定・予測、最適化）に分ける（表4.3）。ここで、ビッグデータやAIのブームの中で、IoT活用で集まる膨大なデータを用いた統計分析手法あるいは機械学習によるモデル構築を行い、推定・予測を行うことで得られる「分析価値」に注目しがちである。しかし、IoTで網羅的に個体を把握することで、高度な分析を行わなくても生み出すことができる「特定価値」も有益なことが多い。遠隔保守サービスの例で説明すると、過去の機器の故障を含むセンサデータの分析から、故障予測を行うのが「分析価値」であり、機器の位置情報から盗難を検知するのが「特定価値」である。SCAIグラフを描きながら分析・知的処理の4つのタイプに注目することで、IoT/AIを活用した新しい提供価値に気づくことができる。

Step3：エコシステムの戦略策定

グローバルで熾烈な競争･協調環境では、自社の強い経営リソース（技術、デザイン、ノウハウ、人材、ブランド、商流など）をコアにしつつ、外部リソースを活用したオープンイノベーションによるスピードアップが不可欠である（オープン・クローズ戦略[20]）。このオープン・クローズ戦略を考えるときに､自社のコアリソースが何かを確認するとともに、活用したい外部リソースを表4.4に示す3つに分類し、それを明示的に記述するフレームワークが「オープン＆クローズ・キャンバス」である（図4.9）。

従来のオープンイノベーションでは、自社が取り込む外部知識リソースや外部調達リソースが主な検討の対象だったが、近年のビジネス・エコシステムにおいては、自社のビジネス・プラットフォームを活用する

リソースの種類	説明
内部コアリソース	技術、デザイン、ノウハウ、人材、ブランド、商流など自社の強い経営リソース。オープン＆クローズ戦略では、コアリソースは特許や意匠登録などで守りつつ、外部のリソースを活用したオープンイノベーションのために周辺の標準化、パッケージ・モジュール化、クラウドサービス化、フルターンキー化を進める。
外部知識リソース	コアリソースを強化するための知識（技術、ノウハウ、人材等）をM&Aや人材採用等でコアに取り込む。ここでは、最先端の技術の目利きができるリサーチ機能が必要となる。ボーダーレス化で、知識リソースを世界中から取り込むことが可能になった。
外部調達リソース	コアリソースを活用した製品・サービスを実現するために設計や製造の受託サービスなどの外部リソースを活用する。自社工場を持たず製造を外部委託するファブレス企業はその典型である。ここで、調達先と同等以上の知識・技術力を持つ調達エンジニアリングが重要な役割を果たす。
外部展開リソース	コアリソースを使った製品・サービスをビジネス・プラットフォーム化し、それを利用し市場に展開するパートナーを支援する。ここでは､パートナーが簡単に利用しやすくするための仕掛け（フルターンキー化など）が重要になる。

〔表4.4〕オープン＆クローズ戦略のリソース分類

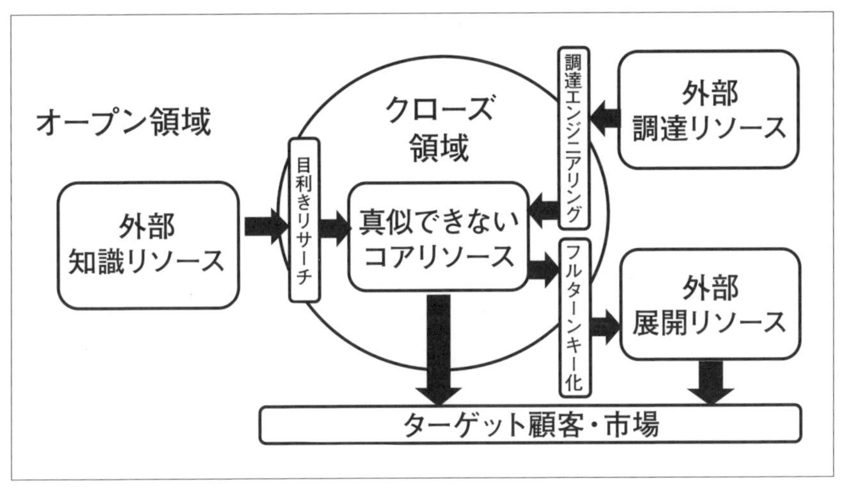

〔図4.9〕オープン＆クローズ・キャンバス

パートナー（外部展開リソース）の活用がより重要になっている。

ここで、自社を取り巻くエコシステムとして3つの外部リソースを想定することは難しくない。しかし、外部リソース側にとっても、そのエコシステムに参加する価値がなければならず、自社だけに都合の良いエコシステムは成立しない。その設計がオープン＆クローズ戦略の肝となる。

Step4：デジタル・イノベーションに特有のリスクマネジメント

Step3までで、デジタル・イノベーションのビジネス・システムが明確になっても、その実装には多くの困難が想定される。Step4では、まず、現在の姿（As-Is）からありたい姿（To-Be）への実装シナリオを検討する。そして、実装シナリオを遂行するプロジェクトにおけるリスクを洗い出し、関係者で共有する。具体的には、表4.1で示した「機械学習システテ

困難分類	故障モード	原因	影響	対策
組織	社内事業部門の協力が得られない.	ビジネスモデルの見通しが甘い	事業化断念	賛同が得られなければ無理しないで早期撤退
技術	他社を圧倒的に凌駕する性能が出ない	技術的課題が解決できない	同業他社製品と差別化できない	大学やベンチャーとの連携で技術的課題解決
事業	既存ハードウェア事業とのシナジー効果が出ない	自社ハードウェアを使う必然性が弱い	事業部の注力度低下	モノとサービスのより強いシナジーを模索
市場	他社も同様なサービス開始	参入が容易	事業部の収益性悪化	参入障壁を作るために複数社とコンソーシアムを作りデファクト標準化.

〔図4.10〕プロジェクトFMEAの例

ム開発の課題」を用いて、提案サービスで想定される困難を「故障モード」として強制発想で抽出し、そのリスクと対策をFMEA（Failure Mode and Effect Analysis）形式で整理する。FMEAは、製品設計時の製品リスクの洗い出しに幅広く活用されているが、ここではプロジェクトのリスク洗い出しに、プロジェクトFMEAを採用する。プロジェクトFMEAの例を図4.10に示す。特に、機械学習システムのプロジェクトFMEAでは、人間と機械の協働の各フェーズでリスクと対策を検討することが重要になる[21]。

デジタル・イノベーションデザイン手法の特徴は次のようになる。

①提供価値起点（ビジネスモデルにおける提供価値の明確化）：IoTやAIの活用が目的化した技術的視点のビジネス・システムを起点とするのではなく、価値提供キャンパスを用いて、顧客と提供価値の視点からスタートする。

②データ分析・知的処理による価値実現（データと提供価値の関係の明確化）：SCAIグラフを用いて、デジタル・イノベーションの特徴であ

るデータと提供価値の関係を明確化する。データ分析・知的処理パターンにより新しい提供価値を創造する。

③エコシステムにおける競争・協調戦略検討（オープン＆クローズ戦略の設計）：デジタル・イノベーションではビジネス・エコシステムにおける競争・協調戦略の検討が不可避であり、オープン＆クローズ・キャンパスで、エコシステムの中でのオープン＆クローズ戦略を設計する。

④困難マップを活用したリスク対策（デジタル・イノベーションに特有のリスクマネジメント）：ビジネスモデルが明確になっても、その実装には多くの困難が想定される。実装シナリオを検討し、困難マップを活用したプロジェクトFMEAで起こりうるリスクを洗い出し、関係者間で共有する。

4.7 AIプロジェクトマネジメント事例

実際のAIプロジェクトの事例を通じて、AIプロジェクトマネジメントの困難と困難を解決するための取り組みについて紹介する。

4.7.1 事例1：AIを活用した工場の生産設備の予知保全（パナソニック）

スマートファクトリとは、製品の設計・製造に係るさまざまな情報をデジタル化し、サイバー空間上で統合・分析・活用することによって、ムリ・ムダ・ムラを削減し、最適化された工場のことである。また、1つの工場の最適化だけではなく、「繋がる工場」としてサプライチェーン全体の最適化を行うことが可能になる。AIを活用したスマートファクトリの実現には、生産計画の最適化、製品の歩留まりの向上、製品品質の自動検査、製造設備のダウンタイムの削減などさまざまな取り組みがあるが、ここで紹介するパナソニックの事例は、機械学習による故障予測モデルを活用した製造設備のダウンタイムの削減（予知保全）のプロジェクトである。このプロジェクトは、工場の現場および生産技術部門とAI技術の専門部門の連携により実施された。本内容は、文献[22]および浜田伸一郎氏（パナソニック株式会社デジタル・AI技術センター）へのインタビューに基づいている。

工場の生産設備は、さまざまなトラブルで停止することがある。短時間でトラブルを解消し、操業を再開できる場合（「チョコ停」と呼ばれる）と、トラブル発生から操業再開まで長時間（約1時間以上）かかる場合（「ドカ停」と呼ばれる）がある。停止時間（ダウンタイム）が長いと、工場の生産性が低下し損失が発生する。トラブルには、作業者のミスや生産設備の故障などがあるが、本事例は生産設備の故障による「ドカ停」を対象とする。具体的には、デジタル化されたさまざまな工場のデータを分析することで、生産設備の故障の発生時期や場所を事前に予知し、故障が発生する前に保守や修理などの対策を講じることで、故障の発生を予防する。

本プロジェクトの課題としては、下記の4点があった。

(1) 予測モデルの構築は、試行錯誤で行うので工数が事前に読めず、進捗管理も難しい。
(2) 投資対効果を含む機械学習システムの評価が難しい。
(3) 予測モデルの構築に必要な、生産設備の故障に関するデータが少ない。

(4)工場の生産設備のデータは機密性が高く、取り扱いに制約がある。

ここで、(1) (2) は、機械学習システムに共通の課題であり、(3) (4) はスマートファクトリの予知保全に特有の課題である。

上記の課題に対して、本プロジェクトでは下記のような工夫を行った。なお、これはプロジェクト終了後に整理したもので、プロジェクト開始前に明確だったわけではない。

機械学習モデル構築の試行錯誤のプロセスの可視化と進捗管理

故障予測モデルの構築は、本質的に試行錯誤である。ただ、これを闇雲に行うのではプロジェクト管理上問題である。そこで、プロジェクトの最終目標とそれを達成するための課題および候補となる解決方法を「KPI (Key Performance Indicator) ツリー」として整理してから、故障予測モデルの構築を行う。KPI ツリーは、プロジェクトの最終目標を KGI (Key Goal Indicator) として設定し、それを達成するために解決すべき部分課題を階層的に木構造で表現し、各課題の定量的な達成基準を KPI

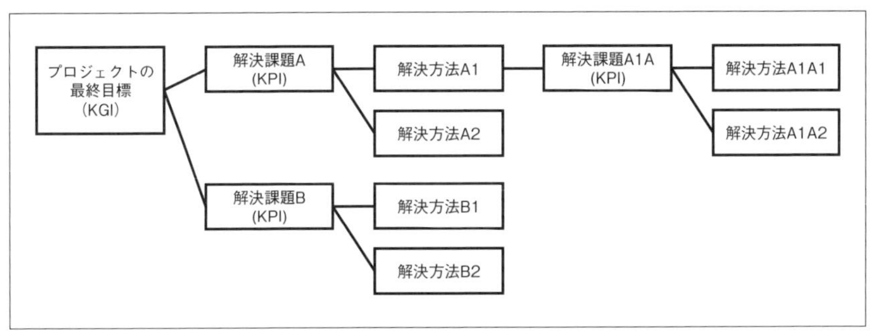

〔図4.11〕KPIツリー（文献[22] 図２をもとに筆者作成）

として表現する手法であり、さまざまな分野で活用されている。本プロジェクトでは、プロジェクトの最終目的を明確にした上で、解決すべき課題と機械学習モデルの候補をKPIツリーで可視化したうえで、優先順位をつけて取り組んでいく（図4.11）。これによって、プロジェクトの推進構造と進捗状況を容易に把握することができる。

機械学習システムの段階的評価

機械学習システムの効果は、事前に予想するのは難しく実際にやってみないとわからない、しかし効果がわからないものに投資はできない、という「鶏が先か卵が先か」問題は非常によくある話で、これによってプロジェクトが前に進まないケースは多い。本プロジェクトでも同様な問題があったが、シミュレーションも活用した段階的評価で解決した。KPIツリーにより、各機械学習モデルの作成と評価は、十分なデータがあればKPIを用いて行うことができる。一方、機械学習システム全体の評価、すなわち予知保全の効果は実際に運用して評価する前に、シミュレーションを用いて簡易的な評価を行う。ここでは、本システムの「利用シナリオ」が重要になる。例えば、故障予知の「発報」をどのように作業員に行い、作業員はどのような保全を行うかのシナリオである。また、故障する前に保全する場合の「保全コスト」と故障が発生した場合の「故障コスト」の評価式を作成する。「保全コスト」には、交換設備部品の調達費、保全のためのライン停止による生産機会損失コストなどが含まれ、「故障コスト」には、不良製品に含まれていた材料費、ドカ停・チョコ停による生産機会損失コストなどが含まれる。「保全コスト」と「故障コスト」にはトレードオフが存在する。保全を完璧に行えば「故障コスト」はゼロにできるかもしれないが、「保全コスト」が膨大になっては意味がない。「利用シナリオ」と「保全・故障のコストモデル」から、総合的なコストシミュレーションを行い、最適な機械学習モデルの選択と利用シナリオの設計を行うともに、効果を金額で示す。シミュレーションでは、多くの仮定を置く必要があるが、効果を「金額」で示すことにより、経営者の意思決定を促すことができ、鶏卵問題を乗り越えることが可能になる。「利用シナリオ」と「保全・故障のコストモデル」および仮定の設定には、工場の現場および生産技術部門の果たす役割が大きい。

生産設備の故障に関するデータを補完的に作成

本事例では、生産設備の状態（故障を含む）に関する情報はログデータとして記録されていなかった。そこで、ログデータに含まれている単位時間当たりの製品不良数に注目し、そこから生産設備の状態のラベル付けを行った。ただ、希にしか起こらない設備不良を機械学習で獲得するためには大量のラベルデータが必要となる。このラベル付けに関しても、まずは人手でラベル付けを行い、これをベースに半自動的にラベル付けを行う機械学習モデルを構築し、この問題を解消した。

工場の生産設備のデータは機密性への対応

万が一、工場の生産情報が競合他社に漏えいすると、競争戦略上きわめて問題となる。そのため、データの取り扱いは機械学習システム開発時の課題になる。特に試行錯誤段階での現場とモデル開発部門間でのデータのやりとりには、慎重さと手間がかかり、効率化するための工夫が必要であった。本プロジェクトは、機械学習モデルは社内の専門家が行ったが、外部の専門家に委託する場合は大きな障壁となることが予想される。

上記のような課題に対する工夫を盛り込んだ本プロジェクトの成果である予防保全手法について、国内外の工場への導入展開を検討するとともに、KPIツリーによるAIプロジェクトマネジメント手法の体系化を行っている。

4.7.2　事例2：機械学習による画像からの製品の欠陥検知（アイシン）

本事例は、スマートファクトリにおける機械学習を活用した製品の品質検査の自動化のプロジェクトである。AIを活用した画像を用いた製品の品質検査の自動化・効率化は、最も成功している分野であり、1980年代の第2次AIブームのころから行われてきた。さらに、機械学習技術の進化により複雑な検査も、特殊な専用センサを使わなくても、汎用カメラの画像からでも可能になってきた。本事例は、名取直毅氏（株式会社アイシン　先端AI研究プロジェクト）へのインタビューに基づいている。

アイシンでは、2010年以降の機械学習技術の進展に対応し、当初は各部門でボトムアップ的にAI技術の開発・活用に取り組んできたが、2017年に台場開発センターの開設に伴いAI技術開発グループを発足した。さらに、2019年にはAI技術開発にAIの研究・開発・設計の3層スキームを導入し、全社的に注力を行ってきている。ここで、AIの研究・開発・設計の3層スキームについて、紹介しておく。これは、アイシンにおけるAI技術開発の構造改革の3本柱（魅力ある拠点・環境、人事処遇制度の改善、三層スキームの導入）の1つである。従来は難しいタ

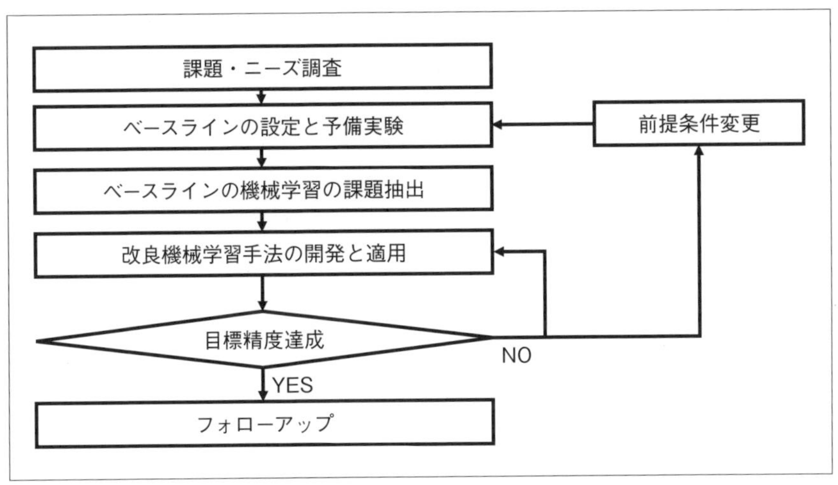

〔図4.12〕機械学習モデル構築の試行錯誤プロセス

スクは外部に委託し、それ以外のタスクは各部門で行っており、必ずしも部門横断が十分できていなかった。研究・開発・設計の3層スキームを組織化することで、3層スキームに基づき横断的なAI技術開発を全社に展開するとともに、研究を担当する「先端AI研究プロジェクト」を立ち上げ、難しいタスクを外部ではなく社内で取り組めるようにした。本プロジェクトも、先端AI研究プロジェクトが現場と一緒になって取り組んだ成功事例である。

本プロジェクトにおける製品の品質検査の対象は、自動車部品として使われる鋳造品である。従来は人手で外観検査していたコストを削減することが目的であるが、これを汎用カメラの画像で行いたいというのが現場の要望であった。すなわち、切粉や油などの付着汚れは欠陥ではないが、汎用カメラ画像では欠陥と簡単には判別できない。もちろん、高精度の専用センサであれば判別可能であるが、高価かつ大型で検査にも時間がかかるので現実的ではなかった。

本プロジェクトの工夫のポイントは、パナソニックの事例と同様に、機械学習モデル構築の試行錯誤プロセスの可視化とそのプロセスにおける現場と連携した柔軟な目標・前提条件の設定・変更である。以下で、そのプロセスの流れを示す（図 4.12）。

課題・ニーズ調査

この段階では、先端 AI 研究プロジェクトのメンバーが、現場の課題・ニーズを丹念に聞き、真のニーズを引き出すことがポイントになる。これは、要求分析のフェーズであるが、後述するように、機械学習モデル開発は試行錯誤であるために当初の要求（前提条件）が満たせるかどうかは、やってみなければわからない面がある。そこで当初の要求（前提条件）の見直しを念頭に真のニーズを理解しておくことが重要になる。この事例では、「深さのある鋳巣は検知したいが深さのない切粉や油は検知したくない」、「専用センサは使いたくない」ということを抽出した。

ベースラインの設定と予備実験・課題抽出

抽出された課題・ニーズを解決するために技術調査を行い、使えそうな手法を選択し、それを「ベースライン」とする。手法の考案自体が目的ではないので、ゼロからアルゴリズムを研究・開発するのではなく、「ベースライン」とした既存手法から適用上の課題を抽出し、改善することで、実用化までのリードタイム短縮を図るというアプローチである。現場で取得済のデータを用いて、ベースライン手法の性能を評価する。ベースライン手法は、オープンソースとして公開されているもの多いが、実際にはすぐには動かない場合や、ハイパーパラメータが最適化されていない場合もあり、先行研究の論文から自分でプログラムを構築した方が早い場合もある。この「ベースライン」で目標を達成できればプロジェクト完了だが、通常はさまざまな課題が顕在化する。この事例では、ベースラインの手法がもともと「自動運転」が対象であり、欠陥検出に必要なミリオーダーの精度は出なかった。ベースラインの手法で抽出された課題に対して、特性要因図（フィッシュボーンチャート）などを用いて要因を洗い出し、主要因と対策を抽出し、構造化し、予想導入効果と開発期間を考慮して優先順位をつける。

改良手法の検討と前提条件変更

優先順位に基づき、さまざまな手法を試行錯誤で実施する。ここでの工数は予測が難しく、状況を見ながら柔軟にマネジメントを行う必要がある。本事例では、さまざまな手法を適用してみたものの、目標となる精度を実現できなかった。しかし、前提条件としていた「カメラのフレームレート」を変更することで、精度が向上する可能性があり、現場との交渉を行い、認められた。結果として、新しいデータで機械学習モデルの改良を行った結果、最終的に目標精度を満たすことができた。ここでは、現場の真のニーズの把握に基づく柔軟な発想、現場との信頼関係、交渉術が必要になる。

導入後のフォローアップ

本機械学習モデルによる鋳造品の欠陥検査システムは、成功裡に現場で導入されたが、導入後のフォローアップも重要である。導入初期は性能が出たが、状況が変化して徐々に性能が劣化する「コンセプトドリフト」への対応も不可欠である。本プロジェクトでは、「相手先の現場からのクレームには即対応」「現場への導入教育や定期講習」「ドキュメントやマニュアル類の整備」「現場が自立化できるよう調整や校正のツール（再学習・追加学習・能動学習）を用意」などを行った。三層スキームを効果的にするためにも、先端AI研究プロジェクトから現場への引継ぎは重要であり、ベストプラクティスの蓄積と体系化が課題である。

事例1と事例2は、製造業のスマートファクトリの事例であったが、ネットサービスの事例を見てみよう。ここでも、試行錯誤を考慮したプロジェクトマネジメントが重要な課題になっている。

4.7.3　事例3：ネットサービスにおけるAIを活用したUIの最適化（リクルート）

現在、多くの人は、インターネット上の各種のサービスビジネス（ショッピング、旅行・レストラン紹介、人材マッチングなど）を日常的に利用している。その際、情報検索時のユーザインタフェース（情報検索UI）によって、サービスビジネスのパフォーマンスが大きく変わってくる。具体的には、サービスサイトの検索結果の表示順序によってクリック率や購入率が大きく変わる場合がある。ここで、機械学習によるユーザインタフェースの最適化は大きな効果がある。ここでは、インターネットサービスの大手であるリクルートの事例を紹介する。本事例は、大島将義氏と大杉直也氏（株式会社リクルート プロダクト統括本部プロダクト開発統括室 プロダクトディベロップメント室）のインタビューお

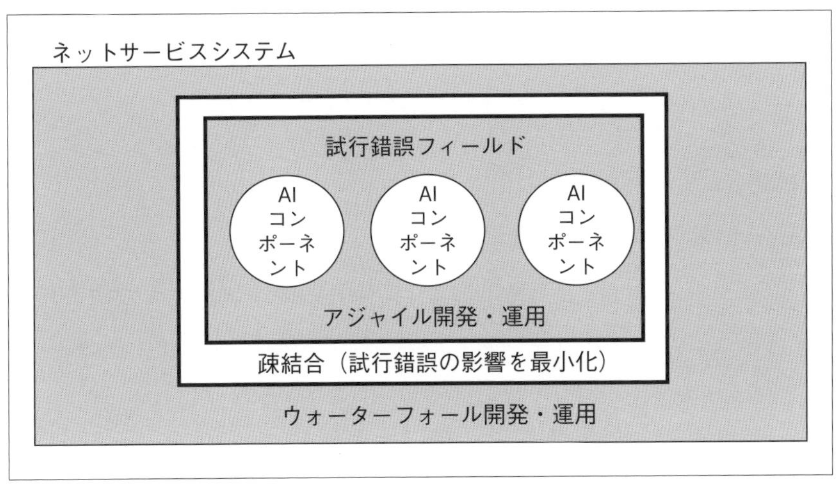

〔図4.13〕ネットサービスシステムの中の試行錯誤フィールド

よび文献[23]に基づいている。

情報検索UIにおいて、検索結果の表示順による影響は大きいが、単純にクリック率を高めれば良いというわけではない。情報検索者と情報掲載者には、それぞれのニーズがあり、それを満たすためのバランスをとる設計が難しい。ここで、良い結果を出すためには、単体の機械学習モデルではなく、課題を部分問題に分割して、その組み合わせで結果を出す必要があるが、部分問題への分割設計が難しい。また、過去データがたまってない場合は、人間の経験知をモデル化する必要もある。これらの開発は、事例1、2と同様に、本質的に試行錯誤が重要でるが、インターネットサービスでは、本番環境での試行錯誤を行う点が、スマートファクトリと大きく異なる。リクルートでは、AI技術者の試行錯誤のプロセスを高速化・効率化するために、下記のようなAIプロジェクトマネジメントを実践している。このAIプロジェクトマネジメントは、試行錯誤フィールドの設定段階と試行錯誤の実施段階から構成される（図4.13）。

AI技術者の試行錯誤を効率化するAIプロジェクトマネジメント

(1)試行錯誤フィールドの設定段階

①ビジネスやサービスのKPIがAIの目的変数に設定可能かを確認し、AI化との相性を判断する（例えば、○○サイトの○○率）。

② AI技術者の実環境での試行錯誤（PDCA）フィールドを設計する。このフィールドは、システム全体の中のAIコンポーネントとして独立性高く切り出し（疎結合）、システムに対するコンポーネントの入力／出力をうまく設計する。

③試行錯誤フィールドを支えるアーキテクチャ（箱）を設計する。ここには、インフラ、アプリ、ミドルウェア、マネージャなどさまざまなメンバーが関与する。アーキテクチャには、情報システムだけでなく、人間系のシステムの設計も含まれる。ここでの、必須要件は以下の3点である。

A)AI技術者がAI技術以外の雑事（外部との調整等）から解放されること

B)複数モデルの並列実験が可能であること

C)本番環境で試行が失敗しても致命的な問題にならないこと（フェールセーフ設計）。具体的には、クリック率が期待通り向上せず、逆に多少低下したとしても致命的な問題（ユーザにはわからない）ではないが、システムがダウンしてしまうと致命的な問題となる。

④アーキテクチャ（箱）の情報システム開発を行う。この開発は、ウォーターフォール型である。また、アーキテクチャの型ができていなければ1年以上かかる場合も多い。型がいったんできてしまえば、それを再利用できる（型の展開・導入なら半年くらい)。試行錯誤フィールドで使うデータに関しては、データマネジメントの部門がデータレイクなどの環境は用意し、データの品質も担保する。

⑤試行錯誤フィールドへの要求として、ビジネスの大目標を達成するための AI コンポーネントの KPI、NG ゾーンの提示、ガバナンスの設計を行う。KPI としては、クリック率、契約率などのポジティブ KPI の他に、偏差などのネガティブ KPI もある。複数の KPI があって良い。また、NG ゾーンとは、事業スタンスやビジネス・商習慣上の禁忌などである。ガバナンスの設計とは、法務部門等による法律・プライバシー・倫理の確認であり、機械学習モデルの結果が生み出す可能性まで含めた倫理的な問題（差別の助長であったり、平等性の棄損であったり）も含む。近年、AI の倫理問題は世界的にも大きな課題であり、問題を起こさないための組織的な仕組みが企業として不可欠である。

(2) 試行錯誤の実施段階

①この段階では、マネジメントは実現手段を指示せずに、AI 技術者が試行錯誤を繰り返し、良い結果を出すことに集中できるようにする。実際、データを見てみないとわからないので、データを見る前に行う実現手段の指示や、実現手段の計画策定は邪魔となる

場合が多い。ここでAIコンポーネントの開発者は少数精鋭である。
②この段階の、AIコンポーネントの性能向上は、実運用しながら定常業務的に実施する。
③試行錯誤のAIコンポーネントが失敗した（性能が出ない）場合には、既存システムに切り替えて動かす。

上記の仕組みは、長い時間をかけて構築されたものであり、アナログ（紙媒体）からデジタル（ネットサービス）に変換してきたリクルートならではの仕組みかもしれない。しかし、AI技術者の試行錯誤プロセスを高速化・効率化は、機械学習システム開発で必要とされているニーズであり、ネットサービス以外の業種での展開も期待できる。

4.7.4　事例4：電力需要予測のための機械学習システム開発（東芝）

近年、持続可能な社会の実現に向けて、エネルギー脱炭素化や社会インフラの強靭化が課題になっている。電力においても、太陽光発電を中心とする再生可能エネルギーの導入を加速することが喫緊の課題である。しかし、太陽光発電は天気に左右されるために、安定的な電力供給の実現には、高精度な需要予測が不可欠である。東芝では、研究所と事業部門が連携し、機械学習を用いた高精度の電力需要予測システムを開発した。本事例では、電力需要予測システムをどのように開発し、プロジェクトマネジメント上の課題をどのように克服したのかを紹介する。本事例は、進博正氏（株式会社東芝 研究開発センター）へのインタビューに基づいている。

本プロジェクトでは、予測精度の向上と言う目標は明確であった。また、1% 精度が上がるとコストがどれくらい削減できるかといった効果も定量的に示されている。すなわち、電力は蓄積ができず、需要量と供給量を常に一致させる必要があり、需要に応じた無駄のない供給計画が理想であり、計画外の稼働は供給コストの増加に直結する。また、予測結果をそのまま運用で使うわけではなく、予測結果を見て最終的には人間が判断する点も特徴である。予期せぬ大規模停電など（機械学習で学習していない）想定外の状況に対しても人間が対応できる。ここでは、人間と機械（AI）の協働のシステム設計が重要になる。

本プロジェクトは、事業部の依頼に基づき、研究開発センターで検討がスタートした。その研究を進めていく中で、研究開発センター側のリーダーの進氏が、東京電力が 2017 年に開催した「第 1 回電力需要予測コンテスト」の募集を目にしてメンバーと一緒に応募し、結果として、最優秀賞を受賞した。また、2019 年に東京電力と北海道電力の共同開催である太陽光発電量予測技術コンテスト「PV in HOKKAIDO」でもグランプリを受賞した。この受賞により多くの顧客からの問い合わせがあり、それを受けて事業部の期待も高まりプロジェクトが加速した。

本電力需要予測モデルの特徴は気象データを最大限活用する点であるが、技術的には、スパースモデリングを使い時間帯ごとにどの変数を使えばよいかを決めている点、アンサンブル学習を活用した点が特徴である。気象データは膨大であり、それを使いこなすためのスパースモデリングが効果を発揮した。深層学習は使ってみたが、あまり効果がなかった。物理現象が明確なものは、ブラックボックスの深層学習より、ドメイン知識を有効活用する方が高い精度を達成できる事例である。また、予測モデルの開発では、チャンピオンデータとしての予測精度の追求ではなく、運用を想定した多様なデータ、少ないデータで安定して性能が出ることを事前に十分検証することで、事業部への移管がスムースに行えた。

本プロジェクトの大きな課題は、機械学習システムの品質保証であった。電力会社からシステムとして受注し、納品する場合は従来であれば出荷のための品質保証が必要になるが、機械学習システムにおいては従来型の「品質保証」は難しい。実際の運用時には、人間が最終確認することもあり機械学習の結果が完璧である必要はないと思われるが、顧客に「納品」となると従来の「出荷判定基準」が適用されてしまう。機械学習システムの「品質保証」の考え方を発注側・受注側ともに変えていく必要があるが、まだ世の中のコンセンサスができている状況ではない。今後、公的な機関からガイドラインなどがでることを期待したい。また、運用時の「コンセプトドリフト」も課題である。今後、太陽光発電や省エネ機器の導入が加速すると思われ、当然、それに合わせた予測モデルの更新が必要となる。

このような状況で、本事例では、電力需要予測モデルを組み込んだ受注型のシステム開発ビジネスは頓挫しかかっていたが、経産省のFIP制度（フィードインプレミアム（Feed-in Premium））導入に向けての流れの中（導入決定は2020年6月）で風向きが変わった。これは、再エネルギー電力を固定価格で買い取るのではなく、再エネ発電事業者が卸市場などで売電したとき、その売電価格に対して一定のプレミアム（補助額）を上乗せする制度である。FIP制度の下では、小規模な再エネ電源をたばねて蓄電池システムなどとも組み合わせた需給管理を行い、市場取引を代行する「アグリゲーション・ビジネス」の可能性が大きくなった。

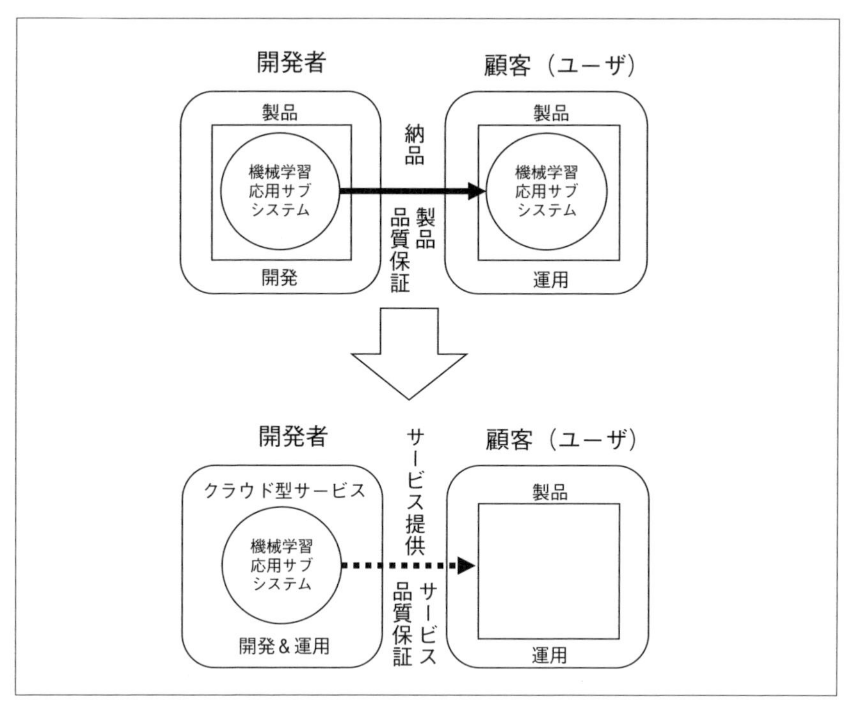

〔図4.14〕製品提供からサービス提供へ

本事例では、機械学習の適用先を、顧客の受注型システム開発から自社のクラウド型サービス開発へと転換した（図 4.14）。すなわち、機械学習による「太陽光発電量予測」と「電力需要予測」を自社のクラウド型サービス「Toshiba VPP as a Service」として提供することになった。具体的には、電力需要予測に基づき、最適な（利益を最大化する）発電計画をユーザに提供する。電力需要予測は AI ベンダーでもできるかもしれないが、需要予測を組み込んだ最適オペレーション計画は電力事業の経験が豊富な東芝でないと作れないという強みが出てくる。

機械学習システムの「品質保証」に関しては、顧客にシステムを納品

AIプロジェクト	プロジェクトマネジメントの課題	解決策
工場の生産設備の予知保全	・試行錯誤の工数が読めず進捗管理も困難。 ・投資対効果の評価が困難。 ・故障データが少ない。 ・データの機密性が高く、取り扱いに制約。	・試行錯誤のプロセスの可視化と進捗管理。 ・シミュレーションも活用した段階的評価。 ・故障データの補完的作成。 ・社内の専門家で実施。
画像からの製品の欠陥検知	・試行錯誤のプロセスを管理できない。 ・目標未達の場合の対応。	・特性要因図で原因・対策を構造化し開発の優先順位付け。 ・現場と連携した柔軟な目標・前提条件の設定・変更。
ネットサービスにおけるUIの最適化	AI技術者が機械学習モデルの試行錯誤に集中できず、効率が悪い。	独立性の高い試行錯誤フィールドの切り分けによる試行錯誤プロセスを高速化・効率化
電力需要予測のためのシステム開発	既存の受注型システムの品質保証が適用できない。	従来型のシステム開発から自社のクラウド型サービス開発への転換

〔表4.5〕AIプロジェクトマネジメントの課題と解決策

するのではなく、自社のサービスとして提供すれば、人間系も含めて「品質保証」に柔軟に対応できる。本事例では、機械学習システムの結果（太陽光発電量予測、電力需要予測）をクラウド型サービスとして提供した。本事例のように、機械学習システムでは、納品時の品質保証の問題や運用開始後の「コンセプトドリフト」の問題を回避し、自社内で継続的な性能向上・機能改善のPDCAをまわすために、クラウド型サービスとして提供するビジネス形態が増えてくるのはないだろうか（図4.14）。ただし、これができるのは、事業ドメインのノウハウを自社でも長年蓄積してきた企業に限られるのかもしれない。

以上、4つの事例を紹介したが、共通するのは、AIプロジェクトマネジメントに試行錯誤をどのように管理できる仕組みとして取り込んでいくかではないだろうか（表4.5）。

4.8　本章のまとめ

本章では、機械学習システム開発の特徴をプロジェクトマネジメントの視点から整理し、プロジェクトマネジメント（特に企画段階）の手法を紹介した。また、4つの具体的な企業のAIプロジェクトの事例を紹介し、各プロジェクトで行われている困難を乗り越えるための工夫を説明した。機械学習システム開発のプロジェクトマネジメントでは、不確実性と試行錯誤のマネジメントをシステマティックに扱うかがポイントになる。また、人間と機械（AI）が協働するシステムの深化プロセスと段階的進化型ロードマッピングも紹介した。今後は，人間と機械の協働の深化を扱う継続的なシステム開発のプロジェクト・プログラムマネジメント（P2M）がますます重要になってくるであろう。

参考文献

[1] 経済産業省. デジタルトランスフォーメーションを推進するためのガイドライン（DX推進ガイドライン）Ver. 1.0, 2018.

[2] プロジェクトマネジメント知識体系ガイドPMBOKガイド第6版（日本語）. Project Management Institute, 2018.

[3] 産業技術総合研究所 . 機械学習品質マネジメントガイドライン 第2版. https://www.digiarc.aist.go.jp/publication/aiqm/guideline-rev2.html, 2021.

[4] 吉田邦夫, 山本秀男. イノベーションを確実に遂行する実践プログラムマネジメント. 日刊工業新聞社, 2014.

[5] Ipek Ozkaya. What Is Really Different in Engineering AI-Enabled Systems? IEEE Software, Vol. 37, No. 4, pp. 3–6, 2020.

[6] 小西葉子, 本村陽一. AI技術の社会実装への取り組みと課題～産総研AIプロジェクトから学ぶ. RIETI Policy Discussion Paper Series, No. 17-P-012, pp. 1–31, 2017.

[7] Saleema Amershi, Andrew Begel, Christian Bird, Robert Deline, Harald Gall, Ece Kamar, Nachiappan Nagappan, Besmira Nushi, and Thomas Zimmermann. Software Engineering for Machine Learning: A Case Study. In 41st ACM/IEEE International Conference on Software Engineering: Software Engineering in Practice (ICSE-SEIP), pp. 291–300, 2019.

[8] 田中裕子, 久保裕史. 人工知能を活用した業務自動化におけるP2M理論の適用. 国際P2M学会誌, Vol. 12, No. 2, pp. 1–16, 2018.

[9] 独立行政法人 情報処理推進機構 AI白書編集委員会（編）AI白書2019. KADOKAWA, 2018.

[10] 国立研究開発法人新エネルギー・産業技術総合開発機構. 平成30年度成果報告書 産業分野における人工知能及びその内の機械学習の活用状況及び人工知能技術の安全性に関する調査, 2019.

[11] 内平直志, 森俊樹, 大島丈史. 人工知能とプロジェクトマネジメント. Fundamentals Review, Vol. 13, No. 4, pp. 277–283, 2020.

[12] Naoshi Uchihira and Tatsuya Eimura. The Nature of Digital Transformation Project Failures: Impeding Factors to Stakeholder Collaborations. Journal of Intelligent Informatics and Smart Technology, No. 7, 2022.

[13] 稲垣敏之. 人と機械の共生のデザイン－「人間中心の自動化」を探る. 森北出版, 2012.

[14] ポール・R・ドーアティ（著）, H・ジェームズ・ウィルソン（著）, 保

科学世（監修），小林啓倫（翻訳）. HUMAN+MACHINE 人間＋マシン：AI 時代の 8 つの融合スキル. 東洋経済新報社, 2018.

[15] Brian Stanton, Theodore Jensen. Trust and Artificial Intelligence. NIST Interagency/Internal Report (NISTIR) - 8332, https://www.nist.gov/publications/trust-and-artificial-intelligence, 2021.

[16] Satoshi Okuda, Gaku Nemoto, Toshiki Mori, Norihiko Ishitani, Kazuhiko Nishimura, and Naoshi Uchihira. Exploitation Pattern for Machine Learning Systems. In The 36th International Technical Conference on Circuits/Systems, Computers and Communications (ITC-CSCC), 2021.

[17] Robert Phaal, Clare Farrukh, and David Probert. T-Plan: Fast Start Technology Roadmapping: Planning Your Route to Success. University of Cambridge, Institute for Manufacturing, 2001.

[18] Naoshi Uchihira. Dialogue Tool for Value Creation in Digital Transformation: Roadmapping for Machine Learning Applications. In International Conference on Applied Human Factors and Ergonomics. Springer, 2021.

[19] 内平直志. 戦略的 IoT マネジメント. ミネルヴァ書房, 2019.

[20] 小川紘一. オープン＆クローズ戦略 日本企業再興の条件 増補改訂版. 翔泳社, 2015.

[21] Naoshi Uchihira. Project FMEA for Recognizing Difficulties in Machine Learning Application System Development. In Portland International Conference on Management of Engineering and Technology (PICMET'22), 2022.

[22] 浜田伸一郎, 吉岡信和, 内平直志. KPI ツリーを用いた機械学習プロ

ジェクト管理フレームワーク. 日本ソフトウェア科学会第38回大会（2021年度）講演論文集, 2021.

［23］大島將義, 内平直志. インターネットサービスにおけるアジャイル開発が持つ不確実性の低下メカニズム. 国際P2M学会誌, 17巻1号 pp. 124-140, 2022.

コラム3：AI人材の育成と課題

世界でも優秀なAI人材への需要は大きいが、特に日本ではAI人材が不足していると言われている。経済産業省の委託でみずほ情報総研が実施し、2019年3月に公表した調査レポート[1]では、最悪シナリオでは、2025年に9.7万人、2030年に14.5万人のAI人材が日本で不足すると試算されている。ここで、AI人材とは、「AI研究者」「AI開発者」「AI事業企画者」とし、「AI利用者」は試算の対象外としている。このように、AI人材の育成は急務であり、文部科学省を中心に大学等の教育機関で数理・データサイエンス・AIに関する知識及び技術について体系的な教育を行うことが政策的に推進されている。特に、データサイエンスの学部・大学院やコースの新設も活発に行われており、滋賀大学データサイエンス学部、横浜市立大学データサイエンス学部、立教大学大学院人工知能科学研究科などがその例である。これらの機関においては、データサイエンス（統計、機械学習）や数理最適化などのモデルや手法に係わる教育が中心になっており、若手の「AI研究者」「AI開発者」の育成には効果があると思われる。

一方、「AI事業企画者」の育成は、実務経験を伴わないと真の育成は難しい面もあり、DXの第一線で働く社会人のリスキル・リカレント教育が重要になる。具体的には、本書の著者らが推進している早稲田大学を中心とする「スマートエスイー（スマートシステム＆サービス技術の産学連携イノベーティブ人材育成）」[2]や北陸先端科学技術大学院大学の「東京社会人コースAI・IoTイノベーションプログラム」[3]があり、デジタル技術とマネジメントの両方を教育し、企業の即戦力として「AI事業企画」を推進する人材を育成している。しかしながら、IPAのDX白書2021[4]によると、AI・IoT・データサイエンスなどの先端技術領域に関する社員の学び直しに関する調査では、米国では調査対象の企業の72.1%が全社員または特定の社員の学び直しを企業の方針として推進しているのに対し、日本では24%の企業しか学び直しを企業の方針としておらず、46.9%の企業は実施も検討もしていないという結果になっている。社会人のリスキル・リカレント教育の場があったとしても、それを活用する企業は、米国に比べると現状では極めて少ないと言える。

さらに、「AI研究者・開発者」と「AI事業企画者」に加えて、データ環境を整備するデータエンジニアの重要性が、日本のAI人材育成で抜け落ちていると山本らが指摘している[5]。山本らの調査では、米国の民間企業が提供するAI人材教育では、データエンジニアリング系の科目も充実しており、データサイエンティスト（AI研究者・開発者）とデータエンジニアは別の専門家であると認識されている。日本では、データエンジニアの重要性や専門性が十分認識されておらず、結果としてデータサイエンティストがデータエンジニア的な仕事（前処理を含むデータ環境の整備）に多くの労力を取られ、本来のデータ分析の業務に集中できないという現状が頻繁に見受けられる。日本においても、データサイエンティストとデータエンジニアは、それぞれの専門家として分業し、全体としての効率を高めることが極めて重要であると思われる。

参考文献

[1] みずほ情報総研株式会社. 平成30年度我が国におけるデータ駆動型

社会に係る基盤 整備（IT 人材等育成支援のための調査分析事業）－ IT 人材需給に関する調査－調査報告書. https://www.meti.go.jp/policy/it_policy/jinzai/houkokusyo. pdf, 2019.

[2] スマートエスイー：スマートシステム & サービス技術の産学連携イノベーティブ人材育成. https://smartse.jp/.

[3] loT・AI イノベーションプログラム . https://www.jaist.ac.jp/satellite/sate/ course/iot/.

[4] 独立行政法人情報処理推進機構. DX 白書 2021 日米比較調査にみる DX の戦略、人材、技術. https://www.ipa.go.jp/ikc/publish/dx_hakusho.html, 2021.

[5] 山本雄介, 内平直志. 日本における機械学習の人材育成の課題と分業化の提案. 第 35 回年次学術大会講演要旨集, pp. 175–179. 研究・イノベーション学会, http://hdl.handle.net/10119/17411, 2020.

第5章

AIプロジェクトにおけるステークホルダとの協働

5.1　概要

本章では、AIプロジェクトをモデルとして表現することを考える。機械学習を使ったAIサービスシステム[*1]の開発では、「試行段階からなかなか本番化に進まない」といった状況に陥ることが数多くある。これは従来のソフトウェアシステム開発と同様のやり方をそのまま適用することが難しいことを意味しており、機械学習工学と呼ばれる新たな工学的アプローチが必要となる理由となっている。

AIサービスシステムの開発はこれまでのITシステムの場合と同様、企業のある事業部門が自社の開発部門またはITベンダーに開発を依頼するケースが多い。このような場合、「試行プロジェクトを実施したがそこで終了してしまった」という状況は、事業部門側では「AI技術を期待通り活用することは難しい」と判断したことになり、当該部門で機械学習を始めとしたAI技術の活用機会を失う可能性があることを意味する。また、開発部門やITベンダー側では「本番システムの開発という大規模プロジェクトを期待し試行プロジェクトを実施したが、そこでプロジェクトが終了してしまい、コストを十分に回収できない」という事態が発生する可能性がある。AIプロジェクトを実施する上での課題が4章（表4.1）にまとめられているが、上記の状況が発生する理由として、事業部門側にAIを活用できる人材がいない、また、AIの限界を十分に理解していないことが考えられる。

一方、試行プロジェクトを経て本格展開され、効果を生み出しているAIサービスシステムも多く存在する。AIプロジェクトの成功要因には

[*1] 本章では機械学習を用いたサービスに注目してシステムをモデル化するため「AIサービスシステム」と呼ぶが、ここまで出てきた「AIシステム」「機械学習システム」と同義である。

さまざまものが考えられるが、実用化されたAIサービスシステムの開発プロジェクトでは試行段階において、システムを利用する側である事業部門とシステムを開発する側であるITベンダーも含んだ開発部門側の両方を含めたプロジェクト関係者（ステークホルダ）の間でプロジェクトの共通理解が十分にできていると考えられる。

本章では、ステークホルダとの協働に向けAIサービスシステムを開発するAIプロジェクト、AIプロジェクトを遂行するにあたっての知識をモデル化する必要性について述べた上で、

- AIサービスシステムをどのようなモデルとして表現するか？
- AIプロジェクトをどのようなモデルとして表現し、どのようにモデル化するか？また、作成したモデルをどう利用するか？
- AIプロジェクトを実施するにあたって再利用可能な知識はステークホルダが協働するにあたってどのように表現されるか？

について述べる。

5.2　なぜAIプロジェクトをモデルとして表現するのか？

機械学習を活用したAIサービスシステムはAIへの期待の高まりと共に社会のさまざまな分野へ適用され始めている。Davenportらは、AIサービスシステムを以下の3種類に分類している[1]。

- Process automation: 人が行うビジネス活動を自動化する、または、物理的なロボットや機器を自動制御する

- Cognitive insight: 対象（組織や個人）に対して何らかの行動をとるために対象の行動や特性を予測する
- Cognitive engagement: 対話（質問応答）や、アドバイス・推薦情報の自動提供を行う

19の産業における400以上のユースケースを分析したマッキンゼーの調査[2]結果から、顧客サービス管理や販促といったマーケティング・営業領域のビジネス課題や、予知保全や歩留まり最適化といったサプライチェーン管理・製造領域のビジネス課題に機械学習技術を適用するCognitive insightのソリューションに潜在的な価値があることがわかっている。また、Process automationには工場の自動化だけでなく、事務業務の一部自動化も含まれ、Robotics Process Automation（RPA）と呼ばれるソリューションが導入されている。また、事務業務の自動化に至らずとも、Cognitive engagementのソリューションがコールセンター（ヘルプデスク）のオペレーション支援といった領域で用いられ、業務に関わる人的負担の軽減につなげられている。金融業界おける調査[3]では、Process automation, Cognitive engagement領域のAIサービスシステムの活用により、業務代替性が2030年には50%近くになると推測されている。

AIサービスシステムへの注目が高まるものの、それを開発するAIプロジェクトの遂行が難しい、という状況も発生している。この問題は、ソーシャルメディアを始めとしたさまざまな媒体で言及されている。一方、インターネット上での情報発信が容易になっていることから、AIプロジェクトの課題や実践上のノウハウも公開され始めている。例えば、

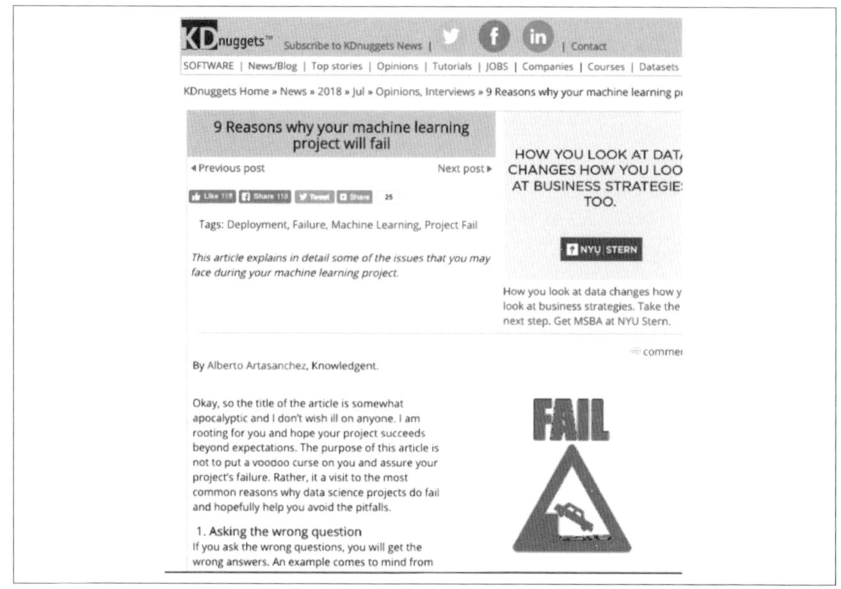

KDnuggets™ Subscribe to KDnuggets News | | Contact

SOFTWARE | News/Blog | Top stories | Opinions | Tutorials | JOBS | Companies | Courses | Datasets

KDnuggets Home » News » 2018 » Jul » Opinions, Interviews » 9 Reasons why your machine learning pr

9 Reasons why your machine learning project will fail

◂ Previous post Next post ▸

Tags: Deployment, Failure, Machine Learning, Project Fail

This article explains in detail some of the issues that you may face during your machine learning project.

By Alberto Artasanchez, Knowledgent.

Okay, so the title of the article is somewhat apocalyptic and I don't wish ill on anyone. I am rooting for you and hope your project succeeds beyond expectations. The purpose of this article is not to put a voodoo curse on you and assure your project's failure. Rather, it a visit to the most common reasons why data science projects do fail and hopefully help you avoid the pitfalls.

1. Asking the wrong question

If you ask the wrong questions, you will get the wrong answers. An example comes to mind from

HOW YOU LOOK AT DAT
CHANGES HOW YOU LOO
AT BUSINESS STRATEGIE
TOO.
NYU STERN
How you look at data changes how y
look at business strategies. Take the
next step. Get MSBA at NYU Stern.

〔図5.1〕機械学習プロジェクトがうまくいかない9つの理由[*1]

1990年代に研究開発が活発になったデータマイニングについては、1993年にKnowledge Discovery Nuggetsと呼ばれる研究者どうしをつなぐニュースレターが始まり、後日KDnuggetsと呼ばれるWebサイトとなった。その後、KDnuggetsではデータマイニングだけでなく機械学習に関する技術的な情報も発信されるようになった。AIプロジェクトの実施について、KDnuggetsでは“機械学習プロジェクトがうまくいかない9つの理由（9 Reasons why your machine learning project will fail）”と呼ばれる記事が公開されている（図5.1）。機械学習プロジェクトとAIプロジェクトを同一とみなすと、ここで提示されている9つの理由をもとに、AIプロジェクトの課題は表5.1として整理される。

[*1] https://www.kdnuggets.com/2018/07/why-machine-learning-project-fail.htm

種別	理由
課題設定	(1) 課題設定が間違っている (2) 間違った問題を解くために機械学習を使っている
データ	(3) 適切なデータがない (4) 十分なデータがない (5) データが多すぎる
評価指標	(6) 適切な評価方法を使っていない
チーム編成	(7) 適材適所でない人材を雇っている
プロジェクト遂行上のノウハウ	(8) 間違ったツールを使っている (9) 適切なモデルを使っていない

〔表 5.1〕AI プロジェクトの課題

これらの課題のうち、(8) (9) はプロジェクトメンバーの経験やスキルによるものであるが、(1) から (7) についてはプロジェクト管理上の課題と考えられる。そして、これらの課題はAIサービスシステムを企画·利用する事業部門とシステムを開発するITベンダーを含めた開発部門との間で、対象となるプロジェクトの共通理解が欠けていることが原因の一つと考えられる。本章では、主に以下の利害関係者（ステークホルダ）について考える。

- 事業部門（の経営者）
- 事業部門の企画担当者
- 開発部門（プロジェクトマネージャやデータサイエンティスト）

そしてこれらのステークホルダの間での AI プロジェクトの共通理解を目指すことを目標とする。

ここで AI プロジェクトの共通理解のイメージを図 5.2 に示す。開発部門は与えられた課題に対してパラメータチューニングや訓練データの洗練・拡張などを通して機械学習の性能を上げることを目指す。これは

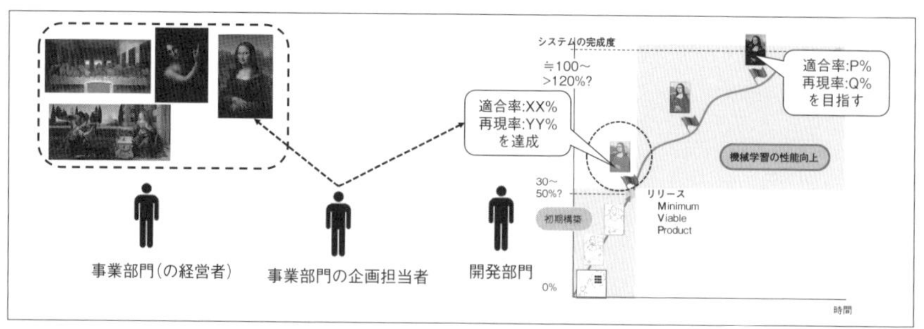

〔図5.2〕AIプロジェクトに対するステークホルダの間での共通理解のイメージ

図 5.2 の中でモナリザの絵を徐々に仕上げていくことに相当する。一方、事業部門の経営者は解決すべき経営課題を多数持っており、それを解決した時に得られるイメージを持っている。これは図 5.2 の中に示したさまざまなレオナルド・ダ・ヴィンチの絵画に相当する。これらの間に立つ事業部門の企画担当者は、事業部門が持つ課題と AI プロジェクトが解く課題が一致していること、また、AI プロジェクトの進捗（絵の仕上がり具合 = 機械学習の性能）が経営課題を十分解決できる段階にあること、を事業部門の文脈で理解する必要がある。

つまり、ビジネス課題からプロジェクトで実装するシステムまでの関係を、事業部門（ビジネス）の視点と開発部門の視点の両方で理解できる形でモデル化できれば、ステークホルダの間での共通理解が可能となると考える。そこでプロジェクト企画段階に注目し、5.3 節から 5.5 節では、AI サービスシステム開発をステークホルダの間で共通理解するためのプロジェクトモデルとその作成方法について述べる。

5.3　エンタープライズアーキテクチャと AI サービスシステム

本節では、主にエンタープライズ領域における AI プロジェクトを想定し、開発するAIサービスシステムのモデルについて考える。

5.3.1 エンタープライズアーキテクチャ

企業を始めとした組織で開発されるサービスシステムは何らかの業務で用いられる。したがって、企業活動の中でサービスシステムを効果的に用いるためには、その導入や運用にあたって、

①どのようなビジネス目標を達成するのか？
②どのようなビジネスプロセスの中で利用されるのか？
③どのようなアプリケーションを使うのか？

を明確にすることが重要である。その目的のもと業務システムを表現する手法としてエンタープライズアーキテクチャ（Enterprise Architecture: EA）と呼ばれるモデリング手法がある。EAの歴史は古く、IBM社のコンサルタントであったZachmanが1987年に発表したフレームワークでは、ITシステムの開発における対象システムの材料（データなど）・機能・所在（ネットワーク構成）を開発に関与する立案者・設計者・開発者の視点から表形式でまとめる方法が提案されている。その後、業務システムに関するさまざまな表現方法が提案されているが、The Open GroupによってEAのモデリング言語としてArchiMate[4]が開発され、オープンな標準となっている*2。ArchiMateでは、ビジネスプロセス・組織の構造や目的・情報の流れ・ITアプリケーション・技術的なインフラスト

*2 代表的なモデリングツールであるEnterprise Architectの中でArchiMateが利用できる。また、ArchiMate専用のモデリングツールとしてArchiがある。

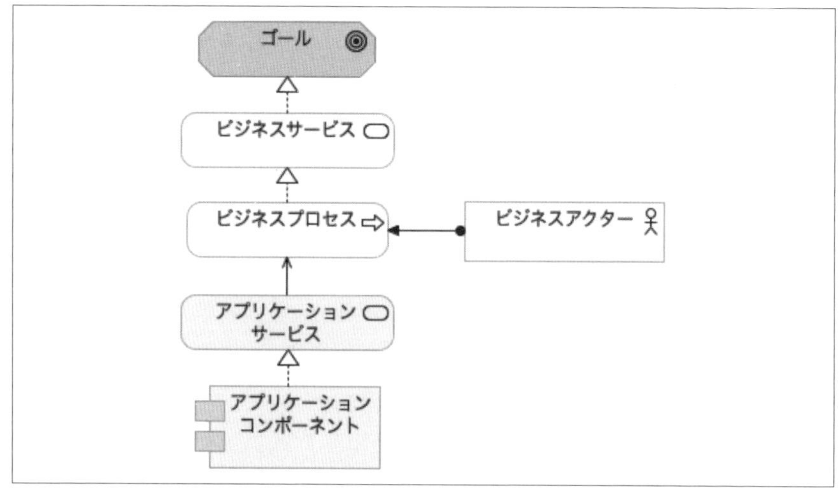

〔図5.3〕ArchiMateで表現した一般的なビジネスアプリケーション（Archiを用いて作成）[5]

ラクチャ（物理的な計算機やネットワーク）を記述する。

本章で考えるAIサービスシステムは企業内の計算機の上またはクラウド環境などさまざまな実装形態が考えられる。そこで、ここではArchiMateの構成要素のうち、ビジネスプロセス・組織の構造・業務でやりとりされる情報（ビジネス層）、実装するシステム（アプリケーション層）、組織やシステムで実現するゴール（動機拡張）にのみ着目する。すると、一般的なビジネスアプリケーションは図5.3で表される。ArchiMateではビジネス層、アプリケーション層、動機拡張のそれぞれにおいて構成要素が定義されている。また、構成要素の間の関係も定義されている。本章で用いるArchiMateの代表的な要素や関係を表5.2と5.3に示す。

ビジネス層の要素		アプリケーション層の要素		動機拡張の要素	
	ビジネスアクター（組織の実行主体）		アプリケーションサービス（アプリケーションが自動的に提供するサービス）		ドライバ（組織が推進しようとすること）
	ビジネスサービス（業務課題を満たすサービス）		アプリケーション機能（アプリケーションが持つ機能）		ゴール（組織が達成しようとする意図）
	ビジネスプロセス（ビジネスサービスを提供する活動）		アプリケーションコンポーネント（アプリケーションの実体）		アセスメント（ドライバやゴールを分析した結果）
	ビジネスオブジェクト（活動の対象となる情報）		データオブジェクト（アプリケーションの実行対象となるデータ）		

〔表 5.2〕ArchiMate で定義されている代表的なモデル構成要素[5]

表記	関係名	意味
- - - - - - ->	接近（access）	オブジェクトを操作する関係
●- - - - - - -▶	割り当て（assignment）	割り当てられた実行主体やアプリケーションコンポーネントを示す関係
―――――	関連（association）	一般的な関係
◆―――――	分解（composition）	上位が下位に分解される関係
- - - - +/- - - ->	影響（influence）	肯定または否定の影響を与える関係
- - - - - - -▷	実現（realization）	目的が手段により実現される関係
―――――>	提供（serving）	機能を提供する関係
―――――▶	契機（trigger）	前者が後者の契機となる関係

〔表 5.3〕ArchiMate で定義されているモデルの構成要素間の関係[5]

5.3.2 EA で表現した AI サービスシステム

1 章で述べたように、機械学習では入力に対して予測を行い、その結果を出力する。入力は通常、多次元データである。表形式のデータであれば列の数だけの変数があり、画像であれば画素数分の変数がある。機械学習には、このような多次元の変数（特徴）に対して、何か別の変数（目的変数）の値を予測する回帰や、あらかじめ定義された分類先からもっとも適切なものを選択する分類がある。

ある業務について機械学習を用いたAIサービスシステムを開発する場合、回帰・分類のいずれの場合も、あらかじめわかっている入力（特徴）と出力（回帰であれば目的変数の値、分類であれば分類先）のペアからなる訓練データをAIリソースとして業務データから作成するビジネスプロセスを実施する。そして、AIリソース（訓練データ）を機械学習アルゴリズム（訓練エンジン）に適用し、予測に用いるモデル（機械学習モデル）を生成するビジネスプロセスを実施する。この機械学習モデルを用いたAIアプリケーションサービスを開発することで、初めて、入力に対してランタイムで予測を行うビジネスプロセスが実施可能となる。

ここまで述べた要素とそれらの間の関係をArchiMateで表現すると図5.4となる[5]。図5.4には記載されていないが、AIアプリケーションを使うビジネスプロセスによって実現されるAIサービスが業務における課題（ゴール）を解決することとなる。

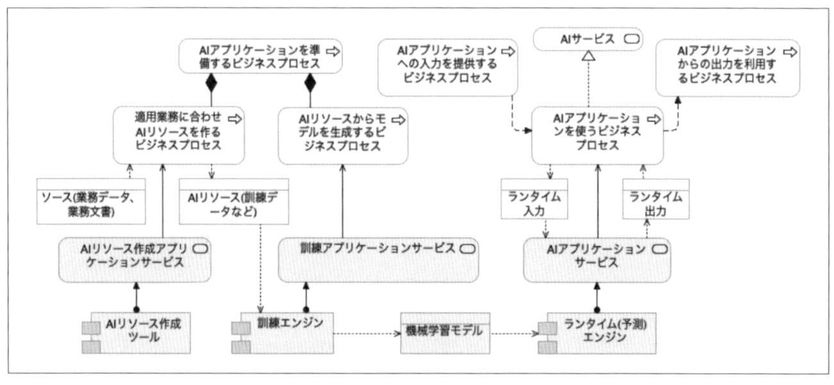

〔図5.4〕ArchiMateで表現したAIサービスシステム[5]

5.4 AI プロジェクトモデル

本節では、EA を用いて表現した AI プロジェクトのモデルについて述べる。

5.4.1 ビジネス AI アライメントモデル :AI サービスシステムのためのビジネス IT アライメントモデル

企業などの組織で用いられる IT アプリケーションは何らかの業務を円滑に行う目的で導入されている。つまり、IT アプリケーションは何らかのビジネスプロセスに紐づいており、そのビジネスプロセスは当該業務部門のビジネスゴール（の一部）を実現するために実施されている。このような関係が明確化され経営者を含めたステークホルダ間で共有されていないことが、IT アプリケーションの更改に多大な時間がかかる要因となり、また、DX のように外的環境の変化にあわせ業務システムを大きく変革する際の障害となっている。

上記で述べたビジネスゴール、ビジネスプロセス、そして IT アプリケーションといった要素の間を関連付けることをビジネス IT アライメントと呼ぶ。ビジネス IT アライメントでは、これらの要素と、それらの間の関係をビジネス IT アライメントモデルとして表す。ビジネス IT アライメントモデルを企業内のステークホルダが共有することで、企業内の IT システムの評価や変革に関する議論が効果的に行える。例えば、経営者視点では、あるビジネスゴールを達成するには、どのビジネスプロセスや IT アプリケーションを変革する必要があるのかが理解でき、また、IT 部門はあるビジネスプロセスに新たに導入する IT アプリケーションがどのビジネスゴールに貢献するのかを把握することができる。

このビジネスITアライメントは企業の発展に伴い継続的に分析する必要があり、そのための分析方法論が議論されている[6]。

AIサービスシステムの開発プロジェクトにおいて、主要なステークホルダである事業部門と開発部門の間で開発対象について共通理解を持つことが重要であることを5.2節で示した。新しく導入するAIサービスシステムについて、それを利用するビジネスプロセスや達成すべきゴールとの関係を明確にすることができれば、ステークホルダの間でプロジェクトについての共通理解が得られ、プロジェクトを効果的に実施できると期待される。そのような目的のもと、AIサービスシステムとビジネスとの関係をビジネスITアライメントモデルとして表したビジネスAIアライメントモデルが提案されている[7]。EAとしてビジネスAIアライメントモデルを示すと図5.5として表される。

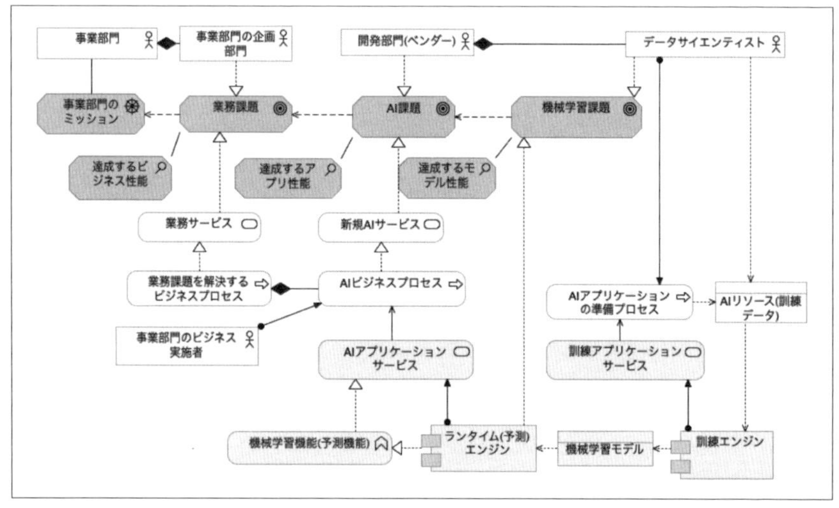

〔図5.5〕ビジネスAIアライメントモデル（AIサービスシステムのビジネスITアライメントモデル）[5]

このモデルではビジネスゴールを業務課題・AI課題・機械学習課題に分解し、それぞれ事業部門の企画部門・開発部門（ベンダー）・データサイエンティストが達成することが表現されている。また、それぞれの課題の状況を評価するために、ビジネス性能・アプリ性能・モデル性能が割り当てられている。これにより､プロジェクトで開発するAIサービスシステムについて、例えば経営者視点で、その意義や期待される効果などを説明が可能となる。逆に、プロジェクトを計画する上では単に機械学習モデルの性能を測るモデル性能だけでなく、アプリ性能やビジネス性能をプロジェクトの対象に合わせて定義する必要がある。例えば、アプリ性能は、企画部門の担当者が自身のビジネス課題が解決できているかを判断するできるものである必要がある。そのため、開発部門と企画部門の担当者が、データサイエンティストが測定するモデル性能をもとに、対象業務に合わせたアプリ性能を設計する必要がある。その際、アプリ性能は、その値からコストや売り上げといったビジネス性能を算出できることが重要となる。

5.4.2　AIプロジェクトを対象としたキャンバスモデル

ビジネスモデルを表すための図式手法が数多く提案されている[8]。そのうち、ビジネスモデルキャンバス[9]では、ビジネスを顧客セグメント、顧客価値、販売チャネル、顧客関係、収益連鎖、主要資産、主要活動、主要パートナー、経費構造の9要素に分解し、キャンバスの形式で記載する。これにより、企業内外のステークホルダが対象ビジネスに対して共通の理解を持てると期待されている。

AIサービスシステムの開発するAIプロジェクト（機械学習プロジェ

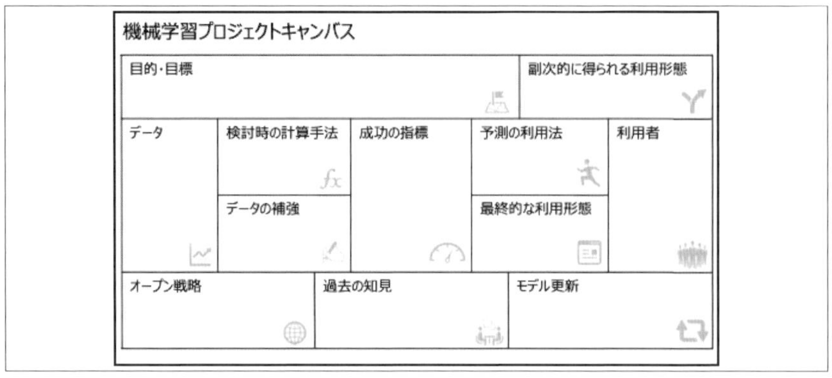

〔図5.6〕機械学習プロジェクトキャンバス

クト）に対して、ビジネスモデルキャンバスと同様、対象（Product）、利用者（Who）、実現手段（How）、そして提供価値（Value Proposition）の観点でプロジェクトの構成要素を同定し、キャンバス形式で整理する機械学習プロジェクトキャンバスが公開されている[*3]。機械学習プロジェクトキャンバスは図5.6として表され、機械学習の活用に際し、ステークホルダ同士で議論しながらキャンバスを埋め、プロジェクトを計画する、というユースケースが想定されている。

5.4.3　EAモデリングアプローチによるプロジェクトモデルの比較

前項で述べた機械学習プロジェクトキャンバスもビジネスAIアライメントモデルと同様、プロジェクト計画時に作成にする。したがって、これら2つのモデルの間には共通点や相違点があると考えられる。そこで本項では、これら2つのモデルを比較し、

- 機械学習プロジェクトキャンバスとビジネスAIアライメントモデル

[*3] https://www.mitsubishichem-hd.co.jp/news_release/00837.html

との関係
- プロジェクトを企画段階で両方のモデルを使い分け

を示す。

ビジネスモデルキャンバスをEAのモデリング言語であるArchiMateを用いてモデル化する研究が行われている[10]。それにならい、ArchiMateを用いて機械学習プロジェクトキャンバスを表現する。ArchiMateではビジネス層・アプリケーション層などの間を、サービスを介して関連付ける。そのため、EAとして表現するにあたってサービス要素を追加する。また、機械学習の利用では訓練と予測のプロセスに分かれる。そのため、キャンバスの要素である「検討時の計算手段」を訓練部分とランタイム（予測）部分に分ける。また、「データ」は業務で利用（または生成）される「業務データ」とみなし、「訓練データ」と区別する。「データの補強」という活動は、ここでは訓練データへの分類の付与などのアノテーション作業として位置付ける。

訓練データや機械学習モデルの中には広く公開されているものがあり、さまざまなサービスシステムの開発で用いられている。また、さまざまなアルゴリズムが公開されAPIといった形式で利用できるようになっている。よって、「オープン戦略」はArchiMateの「意味」を表す要素として「訓練データ」、「機械学習モデル」、「検討時の計算手段」に関連付けられる。同様に、「過去の知見」も「意味」を表す要素として表現する。「過去の知見」をもとに機械学習の活用に関するユースケースを検討すると想定し、この要素は「予測の利用法」に関連付ける。こうしてEAとして表現された機械学習プロジェクトキャンバスを図5.7に示

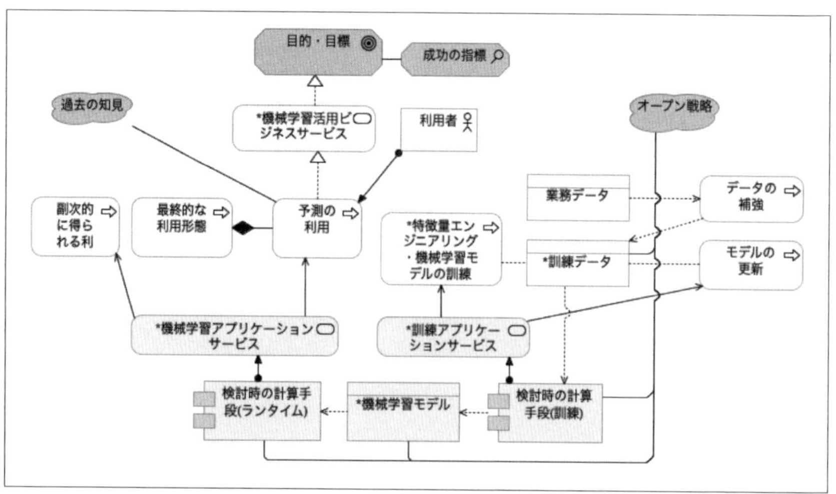

〔図5.7〕ArchiMateで表現した機械学習プロジェクトキャンバス

す。図の中で＊が付いている要素はArchiMateで表現するために追加した要素である。

ArchiMateで表現した機械学習プロジェクトキャンバスとビジネスAIアライメントモデルの主な要素間の関係は表5.4となる。

EAを用いて表現することで、機械学習プロジェクトキャンバスとビジネスAIアライメントモデルの比較が可能となる。両モデルに共通する部分を図5.8に示す。ここから、機械学習プロジェクトキャンバス固有の構成要素として

- 過去の知見
- オープン戦略
- モデルの更新

ArchiMateの要素名	機械学習プロジェクトキャンパスの要素名	ビジネスAIアライメントモデルの要素名
ドライバー	なし	事業部門のミッション
ゴール	なし	業務課題
ゴール	目的・目標	AI課題
ゴール	なし	機械学習課題
アセスメント	なし	達成するビジネス性能
アセスメント	成功の指標	達成するアプリ性能
アセスメント	なし	達成するモデル性能
意味	過去の知見	なし
意味	オープン戦略	なし
ビジネスアクター	利用者	事業部門のビジネス実施者
ビジネスアクター	なし	事業部門
ビジネスアクター	なし	事業部門の企画部門
ビジネスアクター	なし	開発部門（ベンダー）
ビジネスアクター	なし	データサイエンティスト
ビジネスプロセス	予測の利用法	AIビジネスプロセス
ビジネスプロセス	最終的な利用形態	業務課題を解決するビジネスプロセス
ビジネスプロセス	副次的に得られる利用形態	なし
ビジネスプロセス	データ補強	AIアプリケーションの準備プロセス
ビジネスプロセス	モデル更新	なし
ビジネスオブジェクト	データ	業務データ
ビジネスオブジェクト	なし	AIリソース（訓練データ）

〔表5.4〕機械学習プロジェクトキャンバスとビジネスAIアライメントモデルの要素間の関係

があり、ビジネスAIアライメントモデル固有の構成要素として

- 開発に関わるステークホルダ（事業部門、事業部門の企画担当部門、開発部門、データサイエンティスト）
- 事業部のミッション
- 業務課題
- 達成するビジネス性能

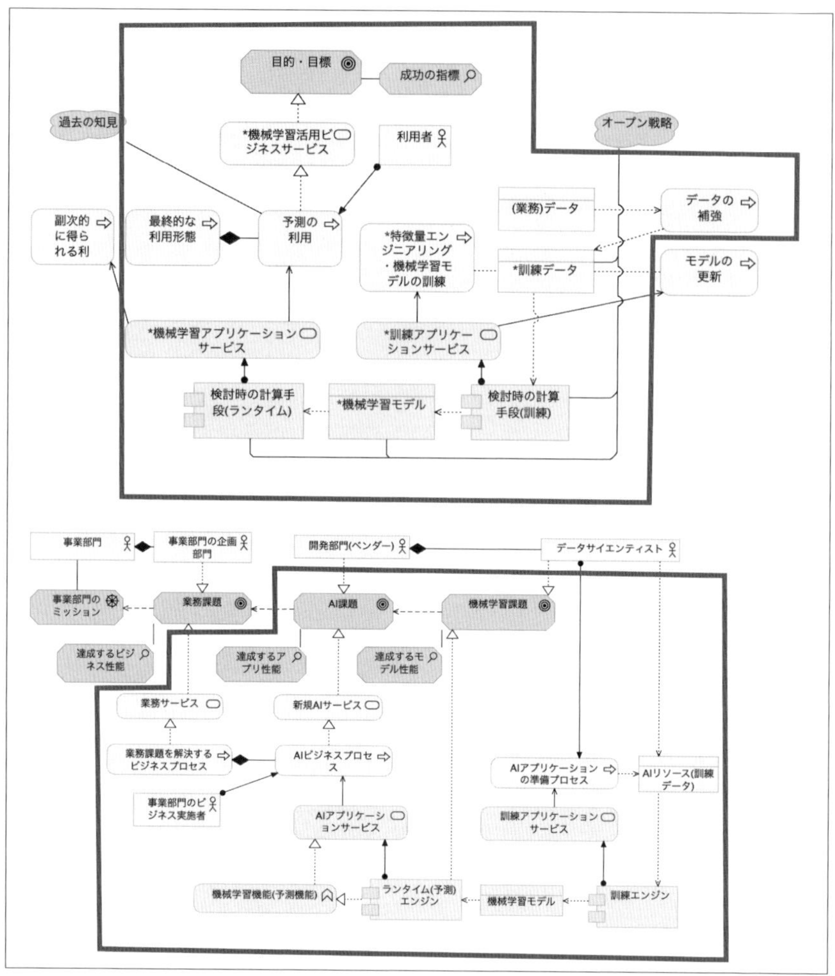

〔図5.8〕プロジェクトモデル間で共通する構成要素（枠で囲まれた部分が両モデルで共通する要素）

があることがわかる。

共通部分以外に着目すると、機械学習プロジェクトキャンバスでは、企画段階で参照した過去の知見といった立案時の背景から、開発時に利用可能なデータ・モデル・アルゴリズム、そして運用方法までを表現することを目指している。そのためこれらの情報はプロジェクトを企画・実施する際、開発者はプロジェクトを時間軸に沿って概観でき有効である。一方、ビジネス AI アライメントモデルでは、AI サービスシステムによって最終的に解決する業務課題とその効果測定、そして各課題の解決を中心的に行う担当者との関係が表現されている。そのためプロジェクトを企画した後、各関係者が何を担うのか、そして何をゴールとするのかを把握でき、プロジェクト遂行時に参照することで円滑にプロジェクトが進むと考えられる。このように、機械学習プロジェクトキャンバスとビジネス AI アライメントモデルは用途において相補的な関係にあることがわかる。

機械学習プロジェクトキャンバスとビジネス AI アライメントモデルでは共通する構成要素が多いため、両モデルを ArchiMate で表現することによって一方のモデルから他方のモデルへの変換が可能となる。プロジェクト立案時にプロジェクト関係者での議論の結果をキャンバス形式の機械学習プロジェクトキャンバスに埋めることでビジネス AI アライメントモデルを作成することや、既存のプロジェクトに関するビジネス AI アライメントモデルを機械学習プロジェクトキャンバスとして表示し、それをもとに議論を始めることができる。このように、プロジェクトの企画段階で両方のモデルを相補的に活用することができる。

5.5 AI プロジェクトモデルの作成手法

5.4 節では、AI プロジェクトを表現するモデルを示した。実際に、プロジェクトを企画する際は、対象となるプロジェクトについてビジネス

AIアライメントモデルまたは機械学習プロジェクトキャンバスを作成する必要がある。本節では、対象プロジェクトについてビジネスAIアライメントモデルを具体的に作成する手法について説明する。

5.5.1　何から決定するのか？

あるプロジェクトに対して、ビジネスAIアライメントモデルであればモデル要素、機械学習プロジェクトキャンバスであればキャンバス内のセルのうち、どこから具体化すべきかが最初の課題となる。例えば、機械学習プロジェクトキャンバスの作成ガイドには、「目的・目標を決め、その後キャンバスの2段目を右から埋めていく」といった指針が示されている。本節では、AIサービスシステムの開発プロジェクトへの調査結果をもとに、「プロジェクトの企画段階ではどの要素から検討していくべきなのか?」を明らかにする。実践プロジェクトへの調査では、機械学習プロジェクトキャンバスを構成する12の要素をプロジェクト関係者が議論・検討を通して決定する活動として捉え、各プロジェクトで実施した順番を調査した。具体的には12の活動（キャンバスの要素）を付箋として準備し、プロジェクトを実施した実務家が付箋を並べ替えることで各自のプロジェクトを表現する。この時、実施しなかった活動については該当する付箋を使用しない。オンラインツール上に準備したワークシートを図5.9に示す。

2020年7月にオンラインで開催された第3回機械学習工学研究会で、ワークショップ形式で23のプロジェクトデータを収集した。オンラインワークショップでプロジェクトデータを収集した様子を図5.10に示す。また収集したデータについて5.2節で述べたシステムの分類とプロ

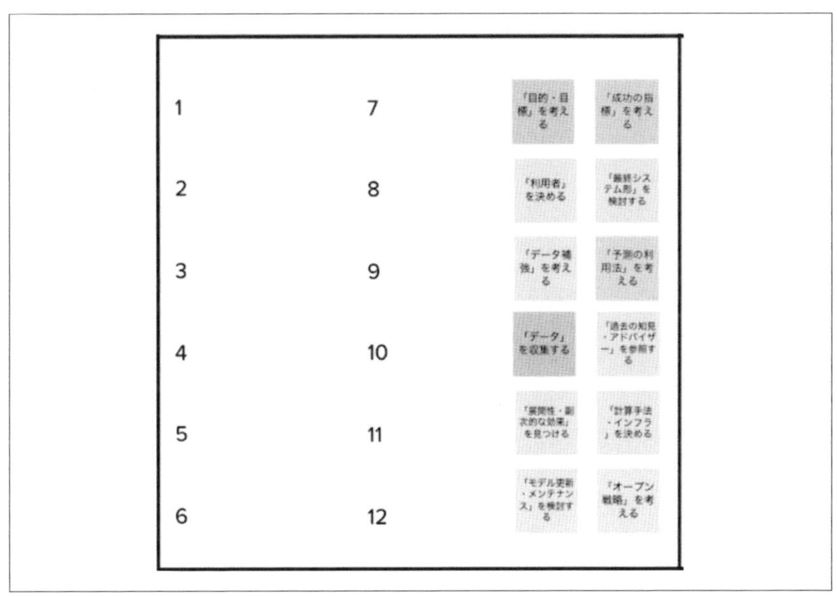

〔図5.9〕データ収集のためのオンラインワークシート

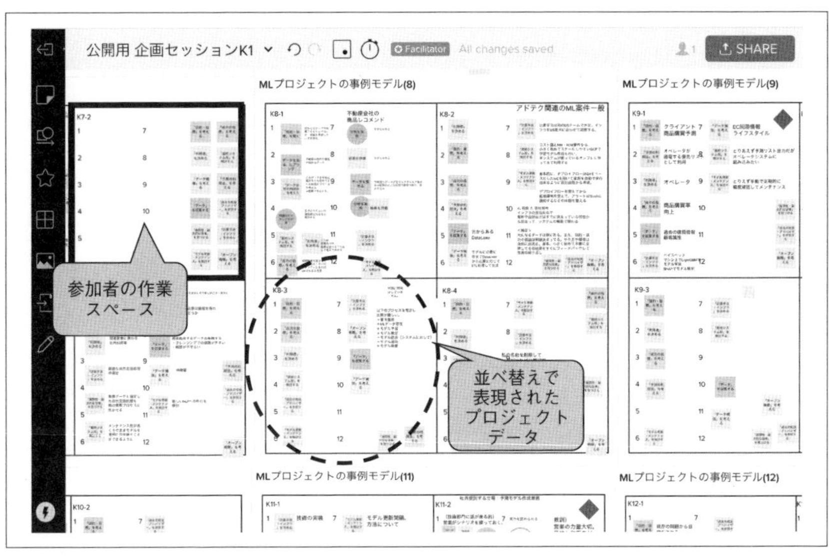

〔図5.10〕オンラインワークショップの様子。付箋を並べ替える形で各プロジェクトが表現されている

ジェクトの形態による内訳は以下の表5.5となる。

	自社開発	受託開発
Process automation	8	0
Cognitive insight	6	3
Cognitive engagement	3	3

〔表5.5〕収集したプロジェクトデータの内訳

収集したこれら23のプロジェクトのデータについて、データ収集の前に行っている活動について分析した結果を表5.6に示す。この表では、各活動についてデータ収集前に実施したプロジェクト数とその割合を示している。23のプロジェクトの中には、「収集されたデータがすでにありそれで何ができるかを考える」というプロジェクトも10%弱（2件）あったが、表5.6より以下の4点が40%以上のプロジェクトでデータ収集前に検討されているとわかる。

• 目的・目標を考える

活動	プロジェクト数	割合［%］
目的・目標を考える	20	87.0
予測の利用法を考える	14	60.9
利用者を決める	12	52.2
成功の指標を定義する	10	43.5
計算手法を検討する	6	26.1
過去の知見を参照する	6	26.1
最終的な利用形態を検討する	4	17.4
副次的に得られる利用形態を検討する	3	13.0
データの補強を検討する	1	4.3
モデルの更新を検討する	1	4.3
オープン戦略を議論する	1	4.3

〔表5.6〕データ収集の前に実施した活動

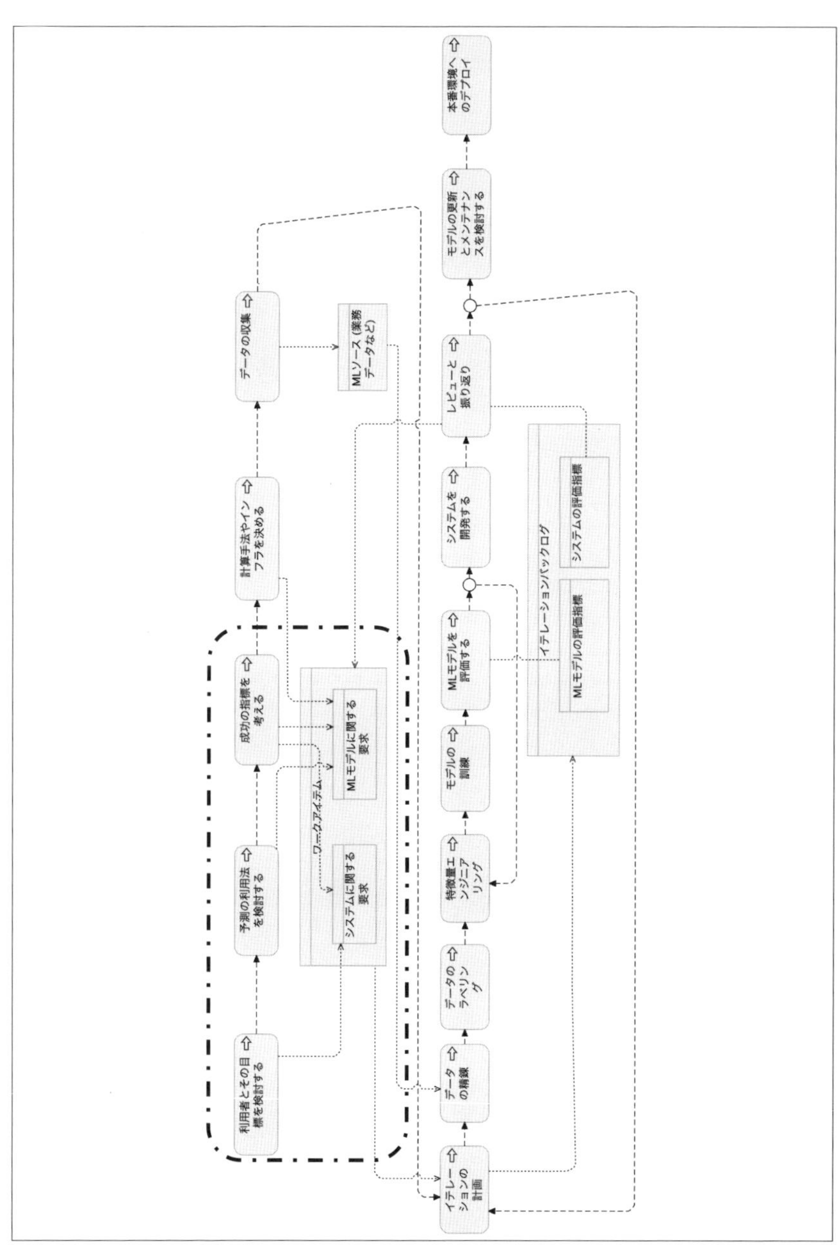

〔図5.11〕実践プロジェクトから導出したAIサービスシステムの開発プロセス

- 予測の利用法を考える
- 利用者を決める
- 成功の指標を定義する

一般的に AI プロジェクトの開発プロセスでは、データ収集の前に「モデルの検討」という活動が定義されている。この最上流の活動は抽象的であるが上記の結果をもとに詳細化すると、図 5.11 に示したプロセス中の波線四角で囲んだ部分となる。

ビジネス AI アライメントモデルは、プロジェクトの企画段階である図 5.11 のプロセスの波線四角で囲んだ段階で作成される。このプロセスモデルからビジネス AI アライメントモデルの「AI 課題」「機械学習課題」「利用者」「達成するビジネス性能」の要素を最初に決めて作成していることがわかる。次項ではこれらの要素を対象業務の分析により同定し、具体的なビジネス AI アライメントモデルを作成する手法について述べる。

5.5.2　ビジネス AI アライメントを構成するための業務分析手法

前項での実践プロジェクトデータの分析結果から、プロジェクトを企画する上で、ビジネス AI アライメントモデルの「AI 課題」「機械学習課題」「利用者」「達成するビジネス性能」に相当する項目を検討していることがわかった。ここでは、検討しているプロジェクトに応じてビジネス AI アライメントを作成するための業務分析手法について説明する。具体的には、課題分析表や ASOMG 表と呼ばれる要求分析やサービスの分析に用いられている表を用いた業務分析手法が提案されている[5]。以

項目	ビジネスレベル	サービス設計レベル
ステークホルダ	事業部門	事業部門の企画部門
問題状況	A-①	
原因分析		A-③
あるべき進歩		A-②
実現手順		A-④
実現手段		A-⑤

〔表 5.7〕初期課題分析表

降で、その詳細を説明する。

要求分析では、ステークホルダ、問題状況（対象）、原因、あるべき進歩（ゴール）、解決策の視点で対象業務の分析が行われる。このような観点で業務分析を行うフレームワークとして課題分析表[11]がある。ここでは、この課題分析表に用いられている項目を追加・修正し、さらに、分析視点としてビジネスレベルとサービス設計レベルを設定した。これを初期課題分析表として定義し、表 5.7 に示す。対象業務について、この初期課題分析表の各項目に沿って以下のように分析する。

A-① 対象業務を選択する

A-② 対象業務で解決すべき事柄を同定する

A-③ A-②の達成をどのようにサービスの利用者の視点で測るかを検討する

A-④ A-②を実現するビジネスサービスの名称（新規ビジネスサービス）を決める

A-⑤ A-②を実現するビジネスプロセスの名称（新規ビジネスプロセス）を決める

以上の分析によって、初期課題分析表が完成される。例えば、4章のAIプロジェクトマネジメントの事例1（工場の生産設備の予知保全）であれば、分析結果はそれぞれ「設備の管理（A-①）」「製造設備のダウンタイム時間の削減（A-②）」「ダウンタイム時間（A-③）」「予知保全サービス（A-④）」「予知保全業務プロセス（A-⑤）」となる。

次に、初期課題分析表で定義した新規ビジネスサービスをサービスの利用者、サービス設計者、AIサービス設計者の視点で分析する。これらは、それぞれ事業部門の担当者、開発部門のプロジェクトマネージャ（または全体設計者）、データサイエンティストの視点に相当する。新しいサービスを構成要素に分解して表現する手法としてASOMG表がある[11]。この表では、サービスをステークホルダ（Actor）、サービス（Service）、サービスに利用する情報（Object）、手段（Method）、主要成功要因（Goal）に分解する。ASOMG表の項目のうち、手段の代わりに評価基準（Assessment）を導入し、上記の3つの視点を設定し、新たにサービス構成表（ASOGA表）を表5.8のように定義する。初期課題分析表を用いた分析で得られた結果をもとに、ASOGA表を以下のように作成する。

B-①　初期課題表の分析で定義した実現手段（A-④）をサービスとする。

B-②　初期課題表の分析で抽出したあるべき進歩（A-②）を主要成功要因（KFG）とする

B-③　初期課題表の分析で抽出した課題の解決の達成基準（A-③）を評価基準とする

項目	サービス利用レベル	サービス設計レベル	AI サービス設計レベル
ステークホルダ (A)	事業部門の企画部門	開発部門 (PM)	データサイエンティスト
サービス (S)	B-①	B-④	B-⑧
サービス情報 (O)		B-⑤	B-⑨
KSF (G)	B-②	B-⑥	B-⑩
評価基準 (A)	B-③	B-⑦	B-⑪

〔表 5.8〕ASOGA 表

次に、事業部門の企画部門と開発部門（プロジェクトマネージャまたは全体設計者とデータサイエンティスト）の間での議論を通して以下の分析を進め、ASOGA 表を完成させる。

B-④　新規サービスに対応する新規ビジネスプロセスについて、それを構成するビジネスプロセスの中から候補を1つ選択する

B-⑤　B-④で選んだビジネスプロセスの入出力を同定する

B-⑥　B-④で実現することを業務視点で検討する

B-⑦　実現した結果を評価する基準を検討する

B-⑧　B-④で選んだビジネスプロセス（またはその一部）で機械学習を適用できるか評価する。

- 機械学習を適用できない場合は B-④にもどり再検討する
- 機械学習を適用できる場合は、予測の利用法としてアプリケーションサービスを定義し、適用する機械学習アルゴリズムを同定する

B-⑨　機械学習に必要なリソース（訓練データとなる業務データなど）を検討する

B-⑩　機械学習で実現することを検討する

B- ⑪　実現した結果を評価する指標を検討する

初期課題分析表の時と同様、4 章の事例 1（工場の生産設備の予知保全）で考えると、表の要素 B- ④から⑪はそれぞれ「故障の発生時期や場所の事前予知サービス（事前予知業務プロセス）（B- ④）」「入力 : 工場内のさまざまな箇所の状態に関するログデータ　出力 : 故障の発生時期と場所（B- ⑤）」「故障の発生前に対策を講じる（B- ⑥）」「保守・修理にかかった時間（B- ⑦）」「異常検知サービス（異常検知アルゴリズム）（B- ⑧）」「故障時と正常時のログデータ（B- ⑨）」「異常状態を検知（B- ⑩）」「異常状態を事前に正しく検知できる割合（B- ⑪）」となる。

初期課題分析表には事業部（経営者）と事業部の企画部門の視点をそれぞれビジネスレベルとサービス設計レベルとして設定したが、開発部門、データサイエンティストの視点としてアプリケーション設計レベル、AI 設計レベルを追加することができる。視点を追加した課題分析表として表 5.9 に示す拡張課題分析表を定義する。

拡張課題分析表の C- ①～⑧は以下のように、ASOGA 表の分析結果をもとに埋めることができる。

C- ①　AI サービスによる業務で実現したいことを評価する手段（B- ⑦）
C- ②　AI サービスによる業務で実現したいこと（B- ⑥）
C- ③　業務にあらたに導入する AI サービス（B- ④）
C- ④　業務にあらたに導入する AI ビジネスプロセス（B- ④）
C- ⑤　機械学習による予測を評価する手段（B- ⑪）

項目	ビジネスレベル	サービス設計レベル	アプリケーション設計レベル	AI 設計レベル
ステークホルダ	事業部門	事業部門の企画部門	開発部門	データサイエンティスト
問題状況	A-①			
原因分析		A-③	C-①	C-⑤
あるべき進歩		A-②	C-②	C-⑥
実現手順		A-④	C-③	C-⑦
実現手段		A-⑤	C-④	C-⑧

〔表 5.9〕拡張課題分析表

C-⑥　機械学習による予測で実現すること (B-⑩)

C-⑦　予測を用いたアプリケーション (B-⑧)

C-⑧　アプリケーションの機能とそのために利用される機械学習アルゴリズム (B-⑧)

初期分析表・ASOGA 表と同様に 4 章の事例 1 で考えると拡張課題分

項目	ビジネスレベル	サービス設計レベル	アプリケーション設計レベル	AI 設計レベル
ステークホルダ	事業部門	事業部門の企画部門	開発部門	データサイエンティスト
問題状況	設備の管理			
原因分析		ダウンタイム時間	保守・修理にかかった時間	異常状態を事前に正しく検知できる割合
あるべき進歩		製造設備のダウンタイム時間の削減	故障の発生前に対策を講じられること	異常状態の検知
実現手順		予知保全サービス	故障の発生時期・場所の事前予知サービス	異常検知サービス
実現手段		予知保全業務プロセス	事前予知業務プロセス	故障時と正常時のログデータをもとに訓練した異常検知エンジン

〔表 5.10〕4 章の事例 1（工場の生産設備の予知保全）での拡張課題分析表

析表は表5.10となる。

ASOGA表のAIサービスレベルにおけるサービス情報がビジネスAIアライメントモデルのAIリソース（訓練データ）に対応している。また、拡張課題分析表の各値はビジネスAIアライメントモデルの要素と表5.11のように対応している。

以上より、業務分析で得られた表を用いて対象プロジェクトに応じたビジネスAIアライメントモデルが作成できる。モデル作成のための業務分析の手順をまとめると以下となり、図5.12のように表される。

ステップ1：初期課題分析表を用いた分析で機械学習などのAI技術を適用する業務とその課題を同定する（A①～⑤）
ステップ2：初期課題分析表で同定した適用先業務に適用するサービスの構成要素を、ASOGA表を用いて同定する（B①～⑪）
ステップ3：ASOGA表を用いて初期課題分析表をもとに拡張課題分析

項目	ビジネスレベル	サービス設計レベル	アプリケーション設計レベル	AI設計レベル
ステークホルダ	事業部門	事業部門の企画部門	開発部門	データサイエンティスト
問題状況	事業部門のミッション			
原因分析		達成するビジネス性能	達成するアプリ性能	達成するモデル性能
あるべき進歩		業務課題	AI課題	機械学習課題
実現手順		業務サービス	新規AIサービス	AIアプリケーションサービス
実現手段		業務課題を解決するビジネスプロセス	AIビジネスプロセス	機械学習機能、AIランタイムエンジン

〔表5.11〕拡張課題分析表とビジネスAIアライメントモデルの要素との関係

表を作成する（C①～⑧）

ステップ4：拡張課題分析表とASOGA表の結果からビジネスAIアライメントモデルを対象プロジェクト用に具体化する

表5.10で得られた拡張課題分析表から、工場の生産設備の予知保全

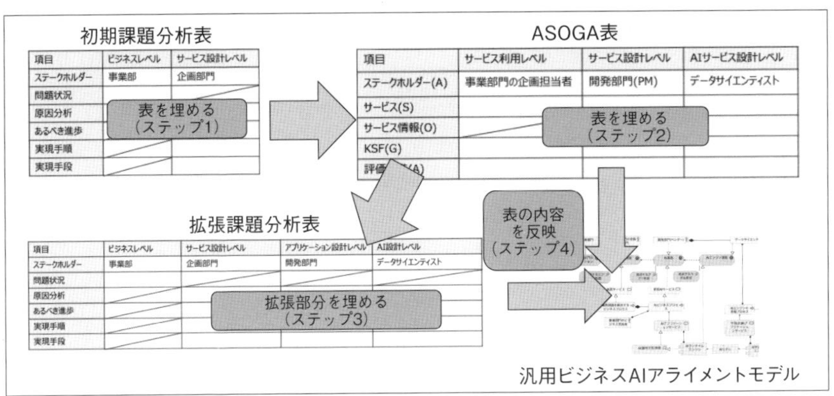

〔図5.12〕対象プロジェクトに応じたビジネスAIアライメントモデルを作成する分析手順

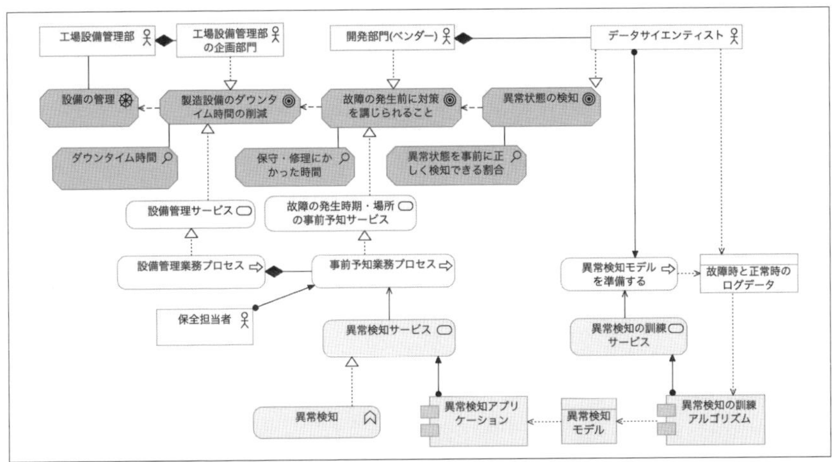

〔図5.13〕工場の生産設備の予知保全を目的に検討したAIサービスシステム（4章の事例1）のビジネスAIアライメントモデル

を目的に検討したAIサービスシステム（4章の事例1）のビジネスAIアライメントモデルを作成すると図5.13となる。

5.6　企画段階におけるAIプロジェクトの評価－社会受容性に着目した評価－

5.6.1　AIサービスの評価

ステークホルダが集まって機械学習を活用した新たなサービスを構想する場合、前節で述べたように対象ビジネスを分析し、ビジネスAIアライメントモデルを作成することで、ビジネス課題とAI課題、機械学習課題などとの関係だけでなく、機械学習のモデル性能とビジネスの評価指標との間の関係も示される。結果、訓練データの拡充やアルゴリズムの工夫などによって機械学習の性能が向上すると、どの程度、ビジネス評価指標が改善するのか、評価可能となる。このようにビジネスとAIサービスシステムの間の整合性をとることで、プロジェクトの開始時に達成すべき目標を立てられるとともに、達成度合いをプロジェクト実施中にモニタリング可能となる。一方、機械学習があるレベルの性能を達成すればビジネス効果が期待できると、ビジネスAIアライメントモデルからわかったとして、その構想したAIサービスシステムは社会に浸透するかどうかは別問題となる。

ビジネスAIアライメントモデルではAIサービスシステムとビジネス活動との関連性を表現している。それを用いることでAIとビジネスの整合性はとれるが、実現するサービスが社会に広く受け入れられるかどうかを評価するために必要な要素はモデルの中に表現されていない。AIサービスシステムについては、「頑健性」「説明可能性」などが一般的な要求としてあるが、システムによってはこれらの要求をすべて満たす必要はない。一方、必要な要求が満たされない場合は、開発したシステムが十分に利用されないことや、システムを利用したサービスが社会に受け入れない状況が発生しうる。

本節では、AI サービスシステムが社会に受け入れられるかどうかを示す社会受容性について、プロジェクトの構想・企画段階で評価することを考える。具体的には AI 原則に着目し、原則を満たすことが社会受容性に必要であると仮定し、その構成要素を抽出する。そして構成要素とそれらの間の関係をモデルとして表現する。そして、AI サービスシステムの種別に応じて、各種別のサービスが持つ特性と AI 原則の構成要素との関係を導出する。これらの結果を合わせ、設計する AI サービスシステムについて、そのシステムが社会受容性を満たす上で重要視すべき項目を同定する手法[12]を述べる。

5.6.2 AI の社会受容性と AI 原則

さまざまな分野で機械学習の導入が進み、それを含んだ AI サービスシステムが人間の生活に大きな影響を与えるようになっている。そのような中、社会に受け入れられる AI サービスシステムをどのように開発していくかを考えるのが、AI 倫理である。この AI 倫理に関して、学術団体だけでなく国家や国際機関において、AI サービスシステムの社会実装における原則が検討されている。これらの原則は、人々が持つ AI への期待や不安を解消し、また社会の価値観と AI が整合するために制定されている。

例えば、2019 年に経済協力開発機構（Organization for Economic

Co-operation and Development : OECD）で「AIに関するOECD原則」[*4]として合意されたAI原則は以下の5つからなる。

(1). 包摂的な成長と持続可能な発展、暮らしの良さ：AIにより包摂的な成長と持続可能な発展、暮らしの良さを促進し、人々と地球環境に利益をもたらす
(2). 人間中心の価値と公平性：AIシステムは、法の支配、人権、民主主義の価値、多様性を尊重するように設計されるべきである。また公平公正な社会を確保するために適切な対策が取れるべきである。例えば必要に応じて人的介入ができるようにすべきである。
(3). 透明性と説明性：AIシステムについて、人々がどのようなときにそれと関わるべきか、結果の正当性を批判できるのかを理解できるようにするべきである。そのためには透明性を確保し責任ある情報開示を行うべきである。
(4). 堅牢性、セキュリティ、安全性：AIシステムは健全で安定した安全な方法で機能させるべきであり、起こりうるリスクを常に評価、管理すべきである
(5). 関係者の責務：AIシステムの開発、普及、運用に携わる組織及び個人は、上記の原則に則ってその正常化に責任を負うべきである

このAI原則のうち、原則（1）は社会全体としてAI技術を活用して目指すことが述べられており、包括的な原則と考えられる。また、原則（5）では（1）から（4）の原則を実現する体制や組織について、そのある

[*4] https://oecd.ai/en/ai-principles

べき姿が述べられている。したがって、個々の AI サービスシステムが直接関係する原則は (2)、(3)、(4) となる。

さらに、これらの 3 原則は互いに独立しておらず、原則 (3) と (4) の実現が原則 (2) に影響を与える形になっている。また、AI 原則の各記述は、目指すべき姿 (Goal) とそれを実現するために必要な特性 (要求) で構成されている。例えば、原則 (2) のゴール「人間中心の価値と公平性」は「人権や多様性の尊重」と「人による介入」を必要とする、と分析される。同様に原則 (3)、(4) を分析し構成要素を抽出する。こうして AI 原則から抽出した構成要素を、社会受容性を満たす上で必要な項目とする。抽出した構成要素とそれらの間の関係を、ArchiMate を用いて表現すると図 5.14 となる。

ここで、透明性については、機械学習などによる予測結果について説明可能であることと、予測結果に対する責任の所在が明確であることにより透明性が担保される、という考え方[13]に基づきモデル化している。

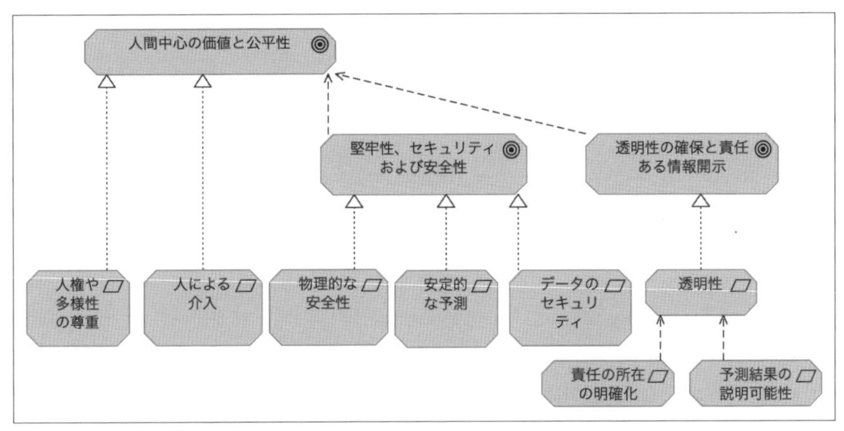

〔図5.14〕 ArchiMateでモデル化したAI原則

5.6.3　企画したAIサービスシステムの社会受容性の評価

企画したAIサービスシステムの社会受容性の評価にあたって、システムをいくつかの種別に分け、各種別のシステムで起こり得る状況を抽出する。ここでは5.2節で述べたDavenportらの3種別[1]を考える。

- Process automation
- Cognitive insights
- Cognitive engagement

これらのシステム種別に対して、ビジネスAIアライメントモデルの構成要素である「機械学習課題」、「AI課題」、「AIリソース」の視点でAI原則を分析する。これらの要素は機械学習プロジェクトキャンバスにおける「予測の利用法」、「最終的な利用形態」、「データ」に相当する。

まず、Process automationに属するシステムを考える。この種別のシステムには、自動運転や工場ラインの自動化があり、出力結果が物理的に人に作用する。物理的に作用せずとも、カード利用の不正検知では結果によってカードの利用停止が行われる。つまり、人やその行動に直接影響を与える可能性がある。また、予測の間違いが大きな影響を与える可能性があり、これは自動化の結果が損害を与える可能性があることを意味する。これらの起こり得る状況に対応する社会受容性の項目は、それぞれ「人の介入」、「予測の安定性」、「透明性」となる。

次に、Cognitive insightに属するシステムを考える。この種別のシステムは、人や組織の特性や行動を予測する。この時、予測する項目が対象の人権に関わる可能性がある。また、予測を間違えた場合、その結果に基づいて実施されることの内容によっては、その対象者に損害を与える可能性がある。これらの起こり得る状況に対応する社会受容性の項目は、それぞれ「人権や多様性の尊重」、「透明性」となる.

最後にCognitive engagementに属するシステムを考える。この種別のシステムの利用者は、システムの出力を参照しながら何らかの作業をする。この作業は、出力を参照することで効果的に進められるが、参照せずとも実施できると考えられる。そのため、作業時にシステムの出力に

種別	起こり得る事象			満たすべき性質（要求）	達成される原則
	予測の利用方法	最終的な利用形態	データ		
Process automation		人やその行動に直接影響が及ぶ可能性		人による介入	人間中心の価値と公平性
Process automation		自動化で得られた結果により損害を与える可能性		透明性	透明性の確保と責任ある情報開示
Process automation	予測の間違いが大きな影響を与える可能性			予測の安定性	堅牢性、セキュリティおよび安全性
Cognitive insight	予測する項目が対象の人権に関わる可能性			人権や多様性の尊重	人間中心の価値と公平性
Cognitive insight		間違った予測に基づいた対処により損害を与える可能性		透明性	透明性の確保と責任ある情報開示
Cognitive engagement	予測の結果に納得が得られない可能性			予測結果の説明可能性	透明性の確保と責任ある情報開示
Common			訓練や予測に個人情報が含まれる可能性	データのセキュリティ	堅牢性、セキュリティおよび安全性

〔表 5.12〕AI サービスシステムに起こり得る状況と AI 原則との関係

疑念が生じると、参照した内容を信頼して作業すべきか悩む可能性がある。このような起こり得る状況に対応する社会受容性の項目は、「予測結果の説明可能性」となる。

ここで、これら3種別のすべてに共通する状況として、訓練データや予測時の入力データに個人を特定する情報や機密情報が含まれることがあげられる。この状況に対応する社会受容性の項目は、「データのセキュリティ」となる。以上の分析結果をまとめると、表5.12となる。

図5.14で示したAI原則のモデルと、表5.12で示した各AIサービスシステムで起こり得る状況とAI原則の構成要素との関係を用いると、AIサービスシステムについて社会受容性の評価ができる。この評価は、ビジネス課題や利用可能な技術を起点として、AIサービスシステムを企画した段階、つまりビジネスAIアライメントモデルを作成した段階で行うことを想定する。この段階ではAIサービスシステムを利用した新しいビジネスプロセスとシステムのユースケースが作成されており、システムの利用目的（AI課題）や機械学習で行う予測（機械学習課題）、そして訓練に用いるデータ（AIリソース）の形式が明確になっている。この時、以下の手順で社会受容性を評価する。

(1). AIサービスシステムの種別を判別する
(2). 判別した種別について、表5.12に記載の状況が起こり得るかどうかを評価する
(3). 起こり得る場合、それに対する項目について検討をすべきか評価する

例えば手順（2）で起こり得ると評価された項目に対して、検討がまったくなされていないとすれば、それはプロジェクトを実施する上でのリスクが大きいと考える。

5.6.4　事例分析

ここでは企画したAIサービスシステムについて社会受容性を評価した例を示す。

①画像認識による本人確認システム

空港における自動入出国ゲートシステムを対象として考える。このシステムは画像認識技術を用いた顔認証システムであり、ゲートで撮影した画像から顔を認識し、それがパスポートの写真と一致するかどうかを予測し、照合した場合にゲートを開くというものである。

このAIサービスシステムは、本人確認をして通行許可を出すという作業の自動化であるため、その種別はProcess automationとなる。ここで表5.12に基づいて分析する。まず誤認識の結果、ゲートが開かないことが起こり得るが、これについては万が一の対応要員をゲートに配置するという対応策がなされている。また、本人ではない人を通してしまうという偽陽性の誤りを避ける必要がある。これについては、予測の確信度が低い場合は無理に本人照合をせず、再度別の画像で認証を行い、予測の安定性を実現している。

以上から、このシステムは社会受容性を満たす上で重要視すべき項目について対応策が十分に検討された形となっている。これは、類似のシステムが多くの空港で運用されているという事実とも整合する。

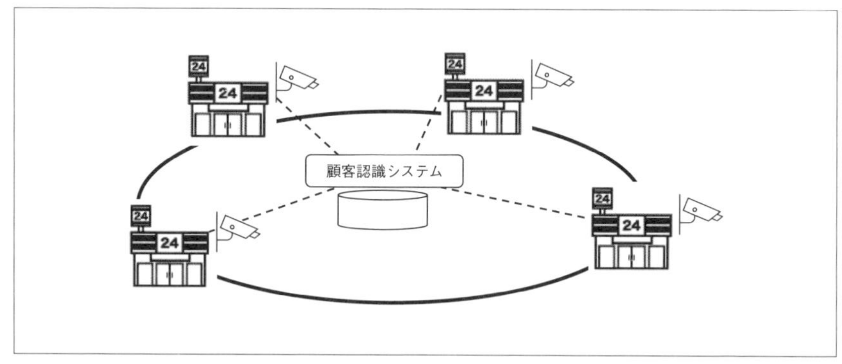

〔図5.15〕店舗間で連携した顧客認識システム[13]

②画像認識による追跡システム

仮想例として、複数の店舗を展開する小売店が全て店舗にカメラを配置し、顔認識の結果を連携させるシステム[13]を考える。図5.15に示した顧客認識システムを用いると、別の店舗で過去に万引きをした顧客を自動認識できる。すると、その結果を利用して店舗では防犯担当者を効果的に巡回させることが可能となる。

このAIサービスシステムは、人物の認識結果を用いて効果的な店内巡回を行うので、その種別はCustomer insightとなる。表5.12に基づき分析するとこのシステムは認識結果を顧客の過去の経歴と照合させるため、予測する項目が人権に関わるものとなり得る。また、間違った認識結果によって巡回することで、対象（顧客）に損害（精神的な苦痛など）を与える可能性もあるため、透明性の検討も重要となる。これらの解決には社会的な合意といったことも必要になるため、サービスの設計段階で全て解決することは現時点では難しい。以上より、このシステムの開発には大きなリスクがあると考えられ、実装したサービスは大きな社会的影響（いわゆる炎上と呼ばれる現象）を引き起こす可能性がある[*5]。

5.6.5 AI倫理の実践に基づいたAIサービスシステムの設計

本節ではビジネスITアライメントの視点で企画されたAIサービスシステムの評価として、社会受容性に注目した。ステークホルダとの協働の中で、企画したシステムをこのまま実現してもよいか、評価することはリスク管理の観点から重要であり、ここまでの議論で、潜在的なリスクの有無が確認できることがわかった。

企画したサービスシステムについて、何らかのリスクがあると確認された場合、サービスの実現に向けた詳細設計の中で開発部門が中心となって具体的な解決策を検討する必要がある。そして、その検討結果をステークホルダで確認し実装に進むことで、リスクを最小限に抑えたサービスが実現される。AIサービスシステムにおいても同様のアプローチが必要であるが、ここまでの議論は社会受容性に関する潜在的なリスクの存在の確認にとどまる。したがって、そのようなリスクを最小限に抑えたAIサービスシステム設計方法が必要となる。

そのような背景の中、社会受容性を持つAIサービスシステムの設計・開発はAI倫理の実践と捉えられている。そして、倫理上の影響を考慮してAIサービスシステムの設計を進める手法がAI倫理影響評価として検討されており[14]、その全体像を図5.16に示す。

本手法は、本節で述べたAI原則を含めたさまざまな倫理ガイドラインを構造化し、AIサービスシステムが満たすべき倫理要件とステーク

[*5] 実際、日本においても公共的な場で顔認識技術を用いた人物追跡システムの運用が検討されたが、社会問題化しすぐに停止されている。

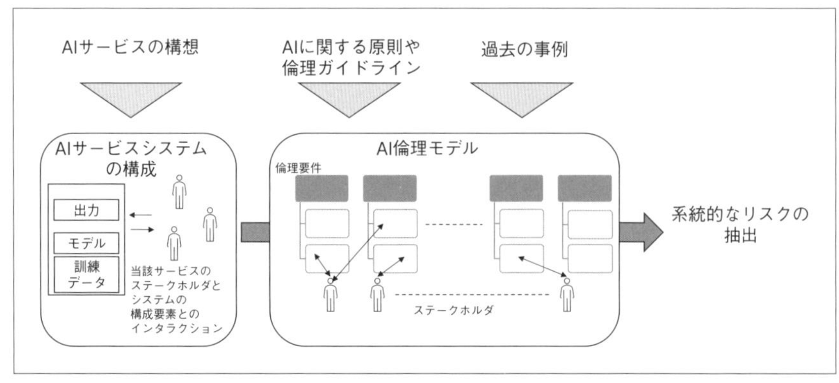

〔図5.16〕AI倫理評価の全体像[14]

ホルダ同士のインタラクションとの間の関係を表したAI倫理モデルを定義している。このAI倫理モデルは、図5.14で示したAI原則のモデルの詳細版と考えられる。そして、構想したAIサービスシステムの構成要素やAIサービスシステムに関わるステークホルダ間でどのようなインタラクションが起こるのかを分析し、AI倫理モデルを参照する。AI倫理モデルではステークホルダ間のインタラクションに対して該当する倫理要件が紐づいているため、構想したAIサービスに関する詳細なリスクが系統的に抽出される。本節で述べたAI原則に基づいた社会受容性の評価の後、詳細なリスク分析が必要と判断された際、このAI倫理影響評価を行うことで高信頼性を持ったAIサービスシステムが実現される。

一方、さまざまなAIサービスシステムを開発し、社会にサービスするにあたっては、本節で述べた社会受容性に関する分析手法だけでなく、各プロジェクトでAI倫理を着実に実践する仕組みが必要となる。そのためには組織的なガバナンス推進体制が必要であり、その確立が今後重要になると考えられる。

5.7　開発を効果的に進めるための知識のモデル化

5.7.1 AI サービスシステムに関するパターンとそのモデル化

3 章で述べたように、AI サービスシステムについても、アーキテクチャ・デザインパターンが作成されている。パターンは、一般的に以下の項目にわけて文書化される。

▷ Intent: パターンで達成すること

▷ Problem: 改善したい状態や現状についての説明

▷ Solution: パターンで実施する内容

▷ Context: パターンの適用先の状況

▷ Discussion: パターンを適用する際の前提条件や制約

例として、3.4.1 節の「Data flows up, model flow down with federated learning（連合学習を用いたエッジデバイス群による共同訓練）」と呼ばれるパターンがある。これは表 5.13 として文書化される。このパターンの Solution に沿って開発したアプリケーションは、図 5.17 として表される。

このアプリケーションは、予測時にサーバー側にある訓練済みモデルにアクセスするのではなく、各ローカルデバイスに配置されたモデルを利用する。そして、各ローカルデバイスでの利用に応じて訓練済みモデルを更新するが、それらをサーバー側に集約する際は、利用者のログデータではなく、モデルの差分をアップロードする。このパターンの適用に

Intent	入力に対して予測を行う応答速度を上げると同時に、個別の利用結果を用いて予測の精度を改善する。一方、利用者のプライバシーデータを保護する。
Problem	機械学習システムではモデルがサーバーにあると、予測に時間がかかるという課題がある。また、利用者の入力に独自の傾向がある場合には、予測精度が下がるという課題がある。さらに、予測精度向上のために利用者の入力ログを収集する場合には、データのプライバシーを考慮する必要がある。
Solution	①　ローカルデバイスで予測モデルを動かす ②　ローカルデバイスで個別に予測モデルを訓練する ③　ローカルデバイス内のデータを他と共有せずに、予測モデルを再訓練する
Context	個人利用のデバイス(スマートフォン)で動くアプリケーションの全体設計や予測モデルの運用の際に適用する
Discussion	• ローカルデバイスに十分な計算資源があること • 個別の利用状況に応じた再訓練により悪影響がでないこと • 予測モデル同士の統合ができること

〔表 5.13〕パターンの例（Data flows up, model flow down with federated learning）

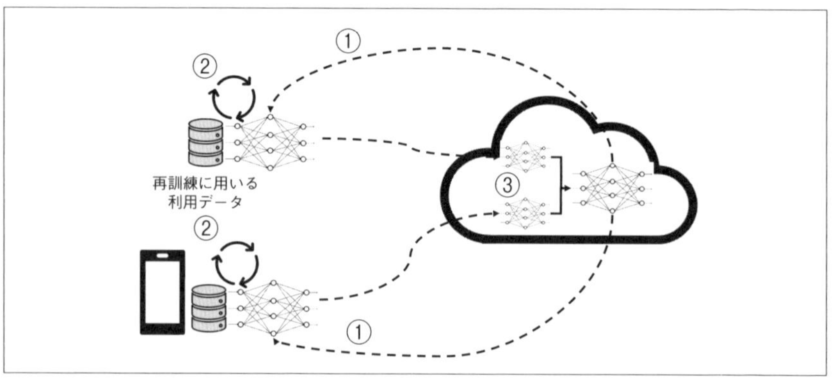

〔図5.17〕Data flows up, model flow down with federated learning のSolutionを適用したアプリケーション

より、利用者のプライバシーを保護しながらモデルを更新しつつ、予測結果を得るまでの時間を短くしたアプリケーションの開発が可能となる。

上記のパターンでは、入力の応答速度の改善とプライバシーデータの保護という2つの課題が解決されている。このようにパターンには複数の課題を解決するものがあり、その場合、Problem や Intent 内に書かれた要素同士に関係性が存在する。しかしながら、自然文で書かれた記述ではそれらの関係性を把握することが難しい状況も発生しうる。また、AI サービスシステムの開発にはシステムを適用する領域（企業であれば事業部門）の関係者が参画するため、利用するパターンに対して多様なステークホルダが共通理解を持つ必要がある。そのような状況を考えると、パターンの構成要素とそれらの関係を明示したモデルを作成することが重要となる。さまざまな目的に応じたモデル化が考えられるが、ここでは、ビジネスと技術の双方の観点でパターンを表現することが重要だと考え、本章でこれまで用いてきたEA モデリングを通して、AI サービスシステムや AI プロジェクトに関するパターンをモデル化することを考える。そして、

- AI サービスシステムのアークテクチャ・デザインパターンにおける要素間の関係を明確化できる
- 図式化言語で構造化することによってパターンを過不足なく記述することができる

ことを示す。

5.7.2 EA モデリングアプローチによる AI サービスシステムや AI プロジェクトに関するパターンの表現

まず、AI サービスシステムのアーキテクチャ・デザインパターンを

パターンの要素	細分化した要素	ArchiMate の要素
Intent	パターンの適用で達成したいこと	Outcome
Problem	改善したい状態	Driver
	改善したい状態についての分析結果	Assessment
	改善によって解決されること	Goal
Solution	実施すること	Principle
Context	パターンを使うフェーズ	Business process
	システムが動くデバイス	Device
	システムの利用者	Actor
Discussion	実施する上での制約や条件	Constraint

〔表 5.14〕パターン構成要素の細分化と図式化要素との対応づけ

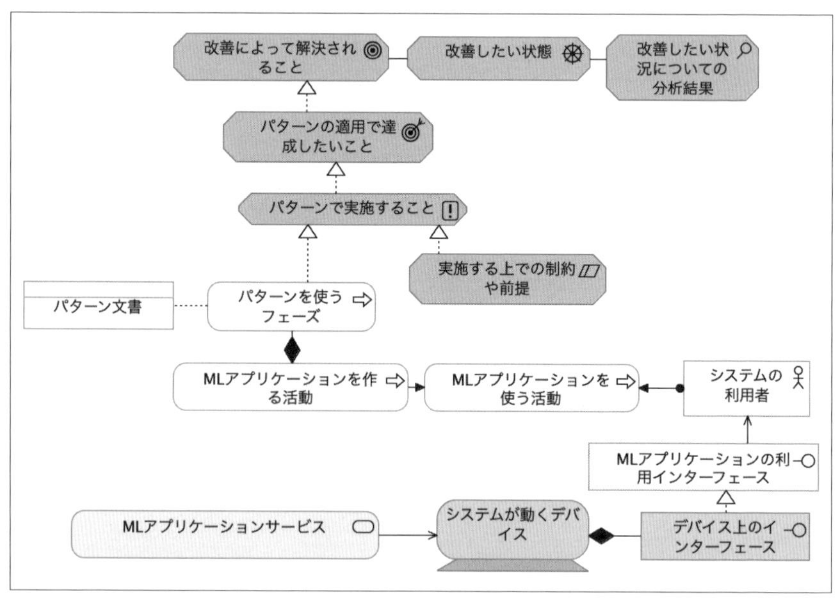

〔図5.18〕ArchiMateで表現したパターンの構成要素

構成する構成要素を細分化する。表 5.13 に示した例をはじめとした既存パターンの観察によって、例えばProblem の記述欄には、「改善したい状態」「改善したい状況についての分析結果」「改善によって解決されること」が書かれていることがわかった。また、Context 記述欄には「パターンを使うフェーズ」「システムが動くデバイス」「システムの利用者」が書かれていた。これらを元に、パターンの構成要素を分解して、対応する ArchiMate の構成要素を同定すると、表 5.14 に示す対応表が得られる。

次に表 5.14 で細分化されたパターンの構成要素間の関係性を定義する。例えば、「実施すること（Principle）」によって「達成したいこと（Outcome）」が実現され、それが「改善によって解決されること（Goal）」につながる。また、「パターンを使うフェーズ（Business Process）」が AI サービスシステムを開発する活動に割り振られる。このような構成要素間の関係性は図 5.18 として得られる。

5.7.3　パターンの表現例

ここでは例として、3.4.3 節に記載されているパターン「Encapsulate ML models with rule-base safeguards（ルールベースのセーフガードで機械学習モデルのカプセル化）」を前節で述べた EA モデルで表現する。機械学習を用いた AI サービスシステムによる予測結果は、確率的な計算に基づくため、全ての入力に対して正しい予測結果を出力するとは限らない。これは、例えばビジネス上の制約などにより出力が確定している入力に対して、異なる結果を出力する可能性があることになる。そのため、安全性を重視する領域で AI サービスシステムを導入する際の課題となっている。このパターンはそのような状況に対して、ルールベースシステムを導入し、ルールに適合する特定の入力については機械学種モデルを用いた予測を行わず、ルールベースシステムの結果を出力するというものである。パターンの記述を表 5.14 に示した細分化した構成要

パターンの要素	細分化した要素	ArchiMateの要素	Encapsulate ML models within rule-base safeguardsパターンの記述を分解した結果
Intent	パターンの適用で達成したいこと	Outcome	安全性に関わる機能上の機械学習モデルの扱いにあたり不確実性や複雑さに対応する
Problem	改善したい状態	Driver	安全性
	改善したい状態についての分析結果	Assessment	• 機械学習モデルは複雑かつ帰納的な性質を持ち正しさの保証がしばしば困難であるため、安全性に関わる機能をMLへ直接には依存させにくい • 機械学習モデルは不安定であり敵対的攻撃やデータのノイズ、ドリフトに対し脆弱
	改善によって解決されること	Goal	安全上のリスク低減
Solution	実施すること	Principle	決定的で検証可能なルールベースの仕組みの中で機械学習モデルをカプセル化する
Context	パターンを使うフェーズ	Business process	• 機械学習モデルを含むシステム全体およびソフトウェアの設計 • 機械学習モデルの配備、運用、モニタリング
	システムが動くデバイス	Device	安全性に関わるシステムが動くデバイス
	システムの利用者	Actor	安全性に関わるシステムの利用者
Discussion	実施する上での制約や条件	Constraint	NA

〔表5.15〕パターン記述の分解例（Encapsulate ML models with rule-base safeguards）

素に分解した結果を表5.15に示す。この結果を用いることで、本パターンのモデルは図5.19のように図示される。

図式化されたパターンでは上から、「パターンによって何がもたらされるのか」「パターンをシステム開発のどこに適用するのか」「パターンを適用するシステムはどのようなものか」が示されている。複数の層に分けてパターンを構造化することで、プロジェクト実施時にパターンに関する議論を効果的に行うことが可能となる。例えば、プロジェクトで特定のパターンを適用する際、開発者以外のステークホルダと、そのパターンの適用がプロジェクトのどのような課題を解決するものなのか確

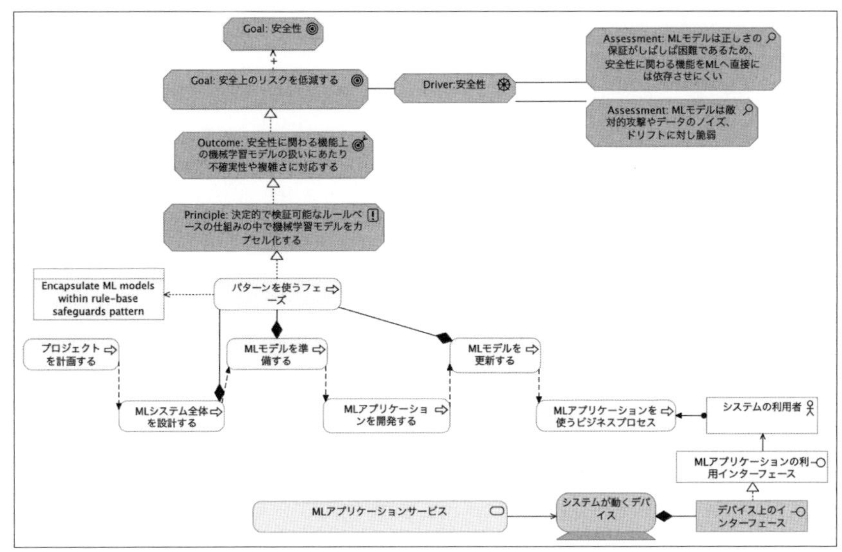

〔図5.19〕AIサービスシステムのアーキテクチャ・デザインパターンのArchiMateによる表現例（Encapsulate ML models with rule-base safeguards）

認する必要がある。その場合は、図式化されたパターンの上層部に着目することで議論が効果的に行える。また、複数のパターン候補があった場合、開発しているシステムがパターンの適用先として適切かどうかを開発者が評価する際には、図式化されたパターンの下層部に着目すれば良いとわかる。

図式化されたパターンの各要素はパターンの各項目を細分化したものである。したがって、プロジェクトを実施している際に知見を得た際には、逆に図5.18の要素を具体的に埋めることによって、パターンの各項目を過不足なく記載でき、再利用性の高いパターン文書が作成できると期待される。

5.8　本章のまとめ

本章では、エンタープライズ領域において機械学習を活用したAIサービスシステムを開発するAIプロジェクトについて考えた。特に検証プロジェクト（PoCプロジェクト）の企画段階に焦点をあて、

▷ステークホルダが、それぞれ、「何のために」「何を」実施するのか？
▷プロジェクトの計画段階において、どのような準備が重要となるのか？
▷プロジェクトで開発するシステムは何を目指すのか？リスクはないのか？
▷プロジェクトを遂行するにあたってどのような知識を活用するのか？

の点について考えた。そして、機械学習を始めとしたAI技術に詳しくない非技術者が多い事業部門と開発部門（ITベンダー）が協働するために必要となるモデルを考えた。具体的にはプロジェクトを表すモデルとして、ビジネスAIアラインメントモデルと呼ばれるAIサービスシステムの開発プロジェクトを対象としたビジネスITアラインメントモデルを導入し、そのモデルをエンタープライズアーキテクチャの手法で表現した。そしてビジネスAIアラインメントモデルとキャンバス形式のプロジェクトモデルと比較した。また、開発対象の業務を分析し、ビジネスAIアラインメントを各プロジェクトに応じて具体的に作成する手法を示すとともに、企画したプロジェクトの評価方法についても述べた。また、プロジェクト遂行時に利用するパターンについてもステークホルダ間で共通理解するためのモデル表記法を説明した。

本章で示したビジネスAIアラインメントモデルやパターンモデルを参

照することでステークホルダが効果的に協働できるようになる。そして、AIプロジェクトの課題を未然に回避することや、遂行時に発生する課題を解決する糸口が見つけられると考える。その結果、企業などの組織内で多くのAIサービスシステムが本格展開され実用化されると期待される。

一方、本章で述べたプロジェクトのモデル化だけでは、解決が難しい課題もある。その一つとしてプロジェクト予算の見積もりがある。組織の中でシステム開発を行うには、予算計画が必要となる。しかしAIサービスシステムの開発では、機械学習で特徴量の設定やハイパーパラメータを変えた訓練の繰り返しや、対象データの変更や拡張などに伴う再訓練など、さまざまな段階で反復が行われる。それぞれの反復でどのくらいの予算が必要か、また、反復回数をどのくらいで計画するべきか、といった見積もりを行うことは本章で述べたプロジェクトモデルだけでは難しい。別のタイプのプロジェクトデータを蓄積し、それとの参照によってAIプロジェクトの予算を見積もる手法の検討が今後必要となってくるだろう。

参考文献

[1] Thomas H. Davenport and Rajeev Ronanki. Artificial intelligence for the real world. Harvard Business Review, pp. 108–116, 2018.

[2] Michael Chui, James Manyika, Mehdi Miremadi, Nicolaus Henke, Rita Chung, Pieter Nel, and Sankalp Malhotra. Notes from the AI frontier insights from hundreds of use cases.
https://www.mckinsey.com/featured-insights/artificial-intelligence/notes-

from-the-ai-frontier-applications-and-value-of-deep-learning, 2018. McKinsey Global Institute.

[3] 藤堂健世. 最先端のAIの利用と応用. 人工知能, Vol. 33, No. 2, pp. 192–196, 2018.

[4] Andrew Josey, Marc Lankhorst, Iver Band, Henk Jonkers, Dick Quartel, and Steve Else. ArchiMate 3.1 Specification - A Pocket Guide. The Open Group, Van Haren Publishing, 2019.

[5] 石川冬樹（編著）, 丸山宏（編著）ほか. 機械学習工学, 講談社, 2022.

[6] Knut Hinkelmann, Aurona Gerber, Dimitris Karagiannis, Barbara Thoenssen, Alta Van Der Merwe, and Robert Woitsch. A new paradigm for the continuous alignment of business and IT: Combining enterprise architecture modelling and enterprise ontology. Computers in Industry, Vol. 79, pp. 77–86, 2016.

[7] Hironori Takeuchi and Shuichiro Yamamoto. Business AI Alignment Modeling Based on Enterprise Architecture, In Proceedings of the 11th International Conference of Intelligent Decision Technologies, pp. 155-165, 2019.

[8] 山本修一郎. ArchiMateによるビジネスモデル表現能力の検討. 信学技報 KBSE2019-4, Vol. 119, No. 56, pp. 25–30, 2019.

[9] Alexander Osterwalder and Yves Pigneur. Business Model Generation: A Handbook for Visionaries, Game Changers, and Challengers. Wiley, 2010.

[10] Lucas O. Meertens, Maria Eugenia Iacob, Lambert J M Nieuwenhuis, Marten J van Sinderen, Henk Jonkers, and Dick A. C. Quartel. Mapping the business model canvas to ArchiMate. In Proceedings of the 27th Annual

ACM Symposium on Applied Computing, pp. 1694–1702, 2012.

[11] Shuichiro Yamamoto, Nada Ibrahem Olayan, and Junkyo Fujieda. e-Healthcare Service Design Using Model Based Jobs Theory. In Proceedings of the 11th International Conference on Intelligent Interactive Multimedia Systems and Services, pp. 198–207, 2018.

[12] Hironori Takeuchi, Azuki Ichitsuka, Taketo Iino, Shoki Ishikawa, Miyuki Maeda, and Yuka Miyazawa. Method for Assessing Social Acceptability of AI Service Systems. In Proceedings of the 15th International Conference on Human Centered Intelligent Systems, pp. 217-228, 2022.

[13] 北川源四郎（編）, 竹村彰通（編）ほか. 教養としてのデータサイエンス, 講談社, 2021.

[14] Izumi Nitta, Kyoko Ohashi, Satoko Shiga, and Sachiko Onodera. AI Ethics Impact Assessment based on Requirement Engineering. In Proceedings of the IEEE 30th International Requirements Engineering Conference Workshops, pp. 152-161, 2022.

第6章

機械学習工学の展望

6.1　概要

本章では機械学習工学に関する研究の今後の方向性について述べる。まず、学術研究分野における機械学習工学に関する研究の動向を解説する。2015 年頃から AI の品質に関するキーワードや、機械学習の解釈可能性、XAI（eXplainable AI, 説明可能なAI）に関する研究が盛んになっている。ソフトウェア工学分野では、2017 年頃からニューラルネットワークのテスト技術の研究が盛んに行われるようになってきており、特に 2018 年頃からは機械学習工学に特化した国際会議が多数開催されるようになった。そこで、機械学習工学に関する国内外の学術コミュニティを紹介する。

機械学習工学の研究は歴史も浅く、まだまだ解決すべき研究課題も多い。本章では特に要求工学に関する研究チャレンジについて整理する。そして、機械学習工学に関する研究の今後の方向性を解説して、本書を締めくくる。

6.2　学術界の動向

新エネルギー・産業技術創業開発機構が 2019 年に発表した「産業分野における人工知能及びその内の機械学習の活用状況及び人工知能技術の安全性に関する調査」報告書[1]には、品質リスクに関する学術論文の発表数を調査し、図 6.1 のように 2001 年から 2018 年の経年変化を記載している*1。これを見ると 2015 年くらいから品質リスクや XAI に関する論文が急激に増えてきたのが分かる。

---

*1 図6.1は、報告書[1]をもとに作図している。

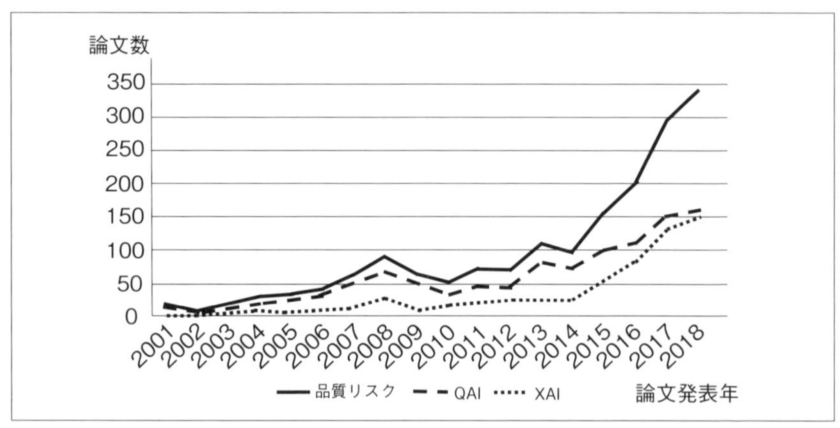

〔図6.1〕AI研究における品質リスクの論文発表数の経年変化

分類	キーワード	出現数	出現率
QAI	safety	228	12.3%
	responsible	114	6.2%
	trustworthiness	17	0.9%
	reliability	383	20.7%
	reliable	528	28.5%
XAI	transparency	49	2.6%
	transparent	53	2.9%
	black box	83	4.5%
	interpretable	208	11.2%
	interpretability	168	9.1%
	explainable	23	1.2%
	explainability	5	0.3%
	accountability	5	0.3%
	comprehensible	57	3.1%
公平性	fairness	81	4.1%

〔表 6.1〕品質リスクに関する論文とキーワードのマッチング結果

さらに、本報告書には、表6.1のように、AIの品質に関するキーワードと解釈可能性（interpretable）などXAIに関するキーワード、そして公平性に関する具体的なキーワードと論文への出現率が紹介されている。これによると、AI関連論文では、“reliability”、“reliable”、“safety” といったキーワードが最も多く出現している。

これらは主に機械学習コミュニティからの論文が多数を占め、ソフトウェア工学コミュニティにおける機械学習工学の研究は最近始まったばかりである。著者が独自に、ソフトウェア工学分野の著名な以下の国際会議に関して、2018年以降の機械学習工学関連の論文数を調査した。

- the International Conference on Software Engineering（ICSE）
- IEEE/ACM International Conference Automated Software Engineering（ASE）
- The ACM Joint European Software Engineering Conference and Symposium on the Foundations of Software Engineering（ESEC/FSE）
- IEEE International Requirements Engineering Conference（RE）

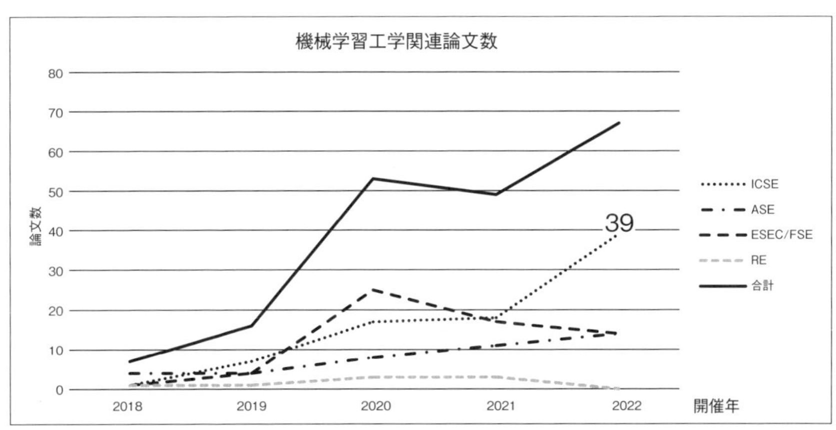

〔図6.2〕ソフトウェア工学分野の著名な国際会議での機械学習工学関連の論文が増えている

その結果を図6.2に示す。このグラフに示すように2018年からは急激に機械学習工学関連の論文が増えていることが分かった[*2]。特に2022年は、ソフトウェア工学分野の最も権威のある国際会議ICSEでは39件発表されており、急激に発表件数が増えてきている事がわかる。2022年のICSEでは、研究トラックに採択された197件のうち機械学習工学の論文が25件[*3]（12.6%）採択されており、その内訳はテストに関する研究が12件（機械学習工学研究の50%）、AIの倫理や公平性に関する研究が5件（機械学習工学研究の20%）となっている。

テストに関する論文の研究動向は、Zhangらが調査[2]しており、その結果を図6.3に示す。

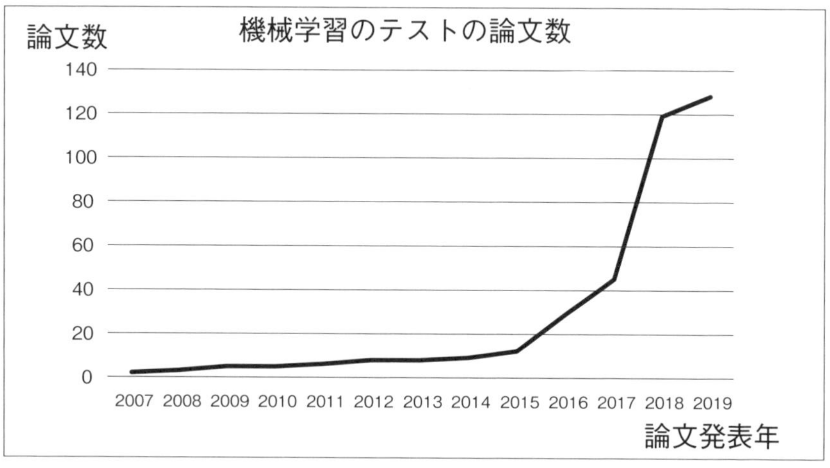

〔図6.3〕機械学習のテストに関する論文は2017年以降急激に増加している

---

*2 本調査は著者が独自に行なっておりダブルチェックなどを行っておらず正確ではない可能性があるが、傾向として示す。

*3 この他にもプラクティストラックなどに関連論文が採択されている。

これをみると2017年頃から機械学習のテスト技術に関する論文が急速に増えてきているのが分かる。

テスト技術の研究は現在も盛んに行われている。それに対して、AIの倫理や公平性に関する研究は2021年のICSEでは、研究論文として発表されておらず新たな研究トレンドとなりつつある。

6.2.1　機械学習工学に関する国内外の学術コミュニティ

2018年頃からは機械学習工学に特化した学術コミュニティが多く立ち上がっている。日本においては、著者らが発起人となり2018年4月に日本ソフトウェア科学会に機械学習工学研究会を立ち上げ、そのキックオフシンポジウムには600人以上の登録があり、本研究分野の研究開発のニーズが高いことを示した（図6.4）。

この頃には世界的にも多数の研究コミュニティが同時に立ち上がった。カナダでは、SEMLA（Software Engineering for Machine Learning Application）という研究イニシアチブ[*4]が2018年に立ち上がり毎年シンポジウムを実施している。2019年からは、機械学習工学研究会（MLSE）とも連携しており、MLSE-SEMLA合同ワークショップも開催している。

表6.2に機械学習工学関連の研究に特化した国際会議とその母体組織のコミュニティ、および開催を開始した年を示す。これを見るとAIコミュニティとソフトウェア工学コミュニティの両方にほぼ同時期に機械学習工学に関するあらたなコミュニティが立ち上がっている事がわかる。ソフトウェア工学コミュニティからは、2022年にAI工学（AI

[*4] https://semla.polymtl.ca/

〔図6.4〕機械学習工学研究会のキックオフシンポジウムの様子

会議名	コミュニティ	開催開始年
Workshop on Explainable Artificial Intelligence (XAI)	AI コミュニティ（IJCAI および AAAI 併設ワークショップ）	2017 年
International Workshop on Artificial Intelligence Safety Engineering (WAISE)	信頼性コミュニティ（SAFECOMP 併設ワークショップ）	2018 年
The Conference on Systems and Machine Learning (SysML)	機械学習コミュニティ	2018 年
International Workshop on Machine Learning Systems Engineering (iMLSE)	ソフトウェア工学コミュニティ（APSEC 併設ワークショップ）	2018 年
The AAAI's Workshop on Artificial Intelligence Safety (SafeAI)	AI コミュニティ（AAAI 併設ワークショップ）	2019 年
AISafety Workshop (AISafety)	AI コミュニティ（IJCAI 併設ワークショップ）	2019 年
International Conference on AI Engineering - Software Engineering for AI (CAIN)	ソフトウェア工学コミュニティ	2022 年

XAI: https://sites.google.com/view/xai2022
WAISE: https://www.waise.org/
SysML: https://mlsys.org/
iMLSE: https://sites.google.com/view/sig-mlse/
SafeAI: https://safeai.webs.upv.es/
AISafety: https://www.aisafetyw.org/
CAIN: https://conf.researchr.org/home/cain-2022

〔表 6.2〕機械学習工学関連に特化した国際会議

Engineering）に関する国際会議が立ち上がり、これまで小規模なワークショップ主体のコミュニティだったのが、ここにきて成長してきている。

6.3　要求工学に関する研究チャレンジ

本節では、要求工学に関する研究課題と今後のチャレンジを紹介する。Ahmad らは、AI システムにおける要求工学の研究を調査し、多くの研究で扱われている課題と今後の要求工学に関する研究チャレンジを整理している[3]。以下がその研究項目である。

高すぎる AI の期待値の制御：

システムを発注者は AI が何でもできるという期待が高く、実際に実現できることとのギャップが大きい。実現可能な AI システムの要求を分析するための利害関係者との協働方法を確立する必要がある。

AI システムに関する要求の記述の難しさへの対処：

2.3.6 節で述べたように AI システムにはさまざまな不確定要素（不確かさのリスク）があり、一貫性をもち利害関係者が合意できる要求を作成することが難しい。不確かさのリスクを軽減し、一貫性をもった要求を分析・記述するための手法が必要となる。

機械学習システムならではの要求工学の明確化：

2.3 節で述べたように AI システムには公平性の考慮やデータセットの要求など機械学習特有の要求を考慮する必要がある。このような新しい要求がどのように従来の要求工学の活動を拡張・変更し、どのようなツールが必要になるかを整理することが急務である。

要求分析者の責務の明確化：

AI システムは、データサイエンティストなど機械学習エンジニアや公平性の専門家である法律家など、従来よりも多様な利害関係者と協働して、要求分析者が要求を分析する必要がある。要求分析者がどのように利害関係者と連携し、要求工学の活動の中でそれぞれの利害関係者がどのような責務を追うべきなのかを明らかにする必要がある。また、それぞれの利害関係者は背景知識や用いている技術用語が異なる。そのような利害関係者間のコミュニケーションの方法や言語を整理する必要がある。

データに関する要求分析技術：

機械学習はデータから推論機能を自動導出するためデータの品質が重要となる。品質の高いデータを獲得するための要求技術が求められている。特に訓練済みモデルの妥当性の検証は、テストデータによって行われるため、妥当なテストデータを構築するための要求分析技術が要となる。

AI システムのための非機能要求の整理：

公平性や倫理、説明可能性など AI システム特有の要求をどのように定義すればよいのかはまだまだ整理が必要である。さらに、再利用性やメンテナンス性など従来からあるシステムの品質特性について AI システムにおいてどのように規定すればよいかも今後明確にしていく必要がある。

6.4 今後の研究の方向性

最後に今後の機械学習工学に関する研究の方向性を示す。これまで述べたようにAIコミュニティ、ソフトウェア工学コミュニティのそれぞれで研究が発展してきている。AIコミュニティにおいては機械学習による知識の自動獲得技術が発展している。ソフトウェア工学コミュニティでは、人（特にエンジニア）による知識の獲得・整理を行うための技術が発展してきている。しかしながら1.10節で述べたように機械学習では、従来ソフトウェア工学技術を適用するには限界がある。そこで、これらの技術を融合した機械学習工学が必要になる（図6.5）。すなわち、機械学習による知識の自動獲得技術と人による知識の獲得技術はお互い融合することで高度なAIシステムが構築・運用できるようになる。

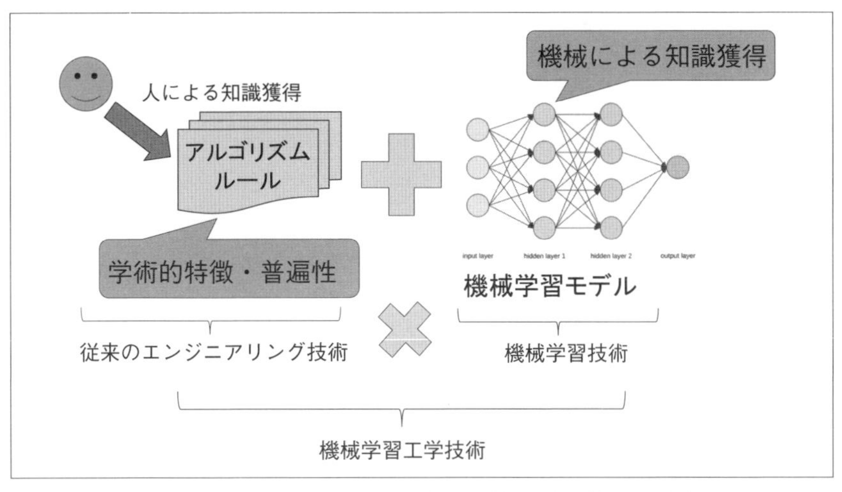

〔図6.5〕ソフトウェア工学技術と機械学習技術の融合

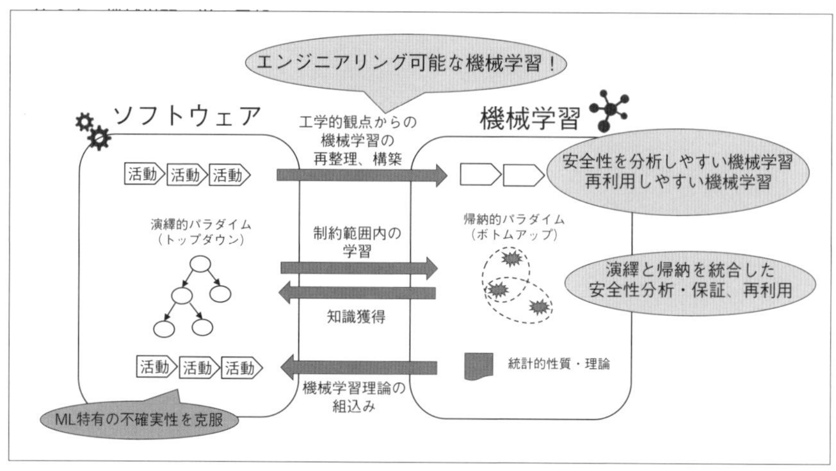

〔図6.6〕ソフトウェア工学の活動と機械学習の活動の融合によるエンジニアリング可能な機械学習の実現

ソフトウェア工学の活動と機械学習の活動をどのように組み合わせればよいかの方針を図 6.6 に整理した。今後は、工学的観点からの機械学習の再整理や、工学的に導出した制約を満たす機械学習が必要になる。

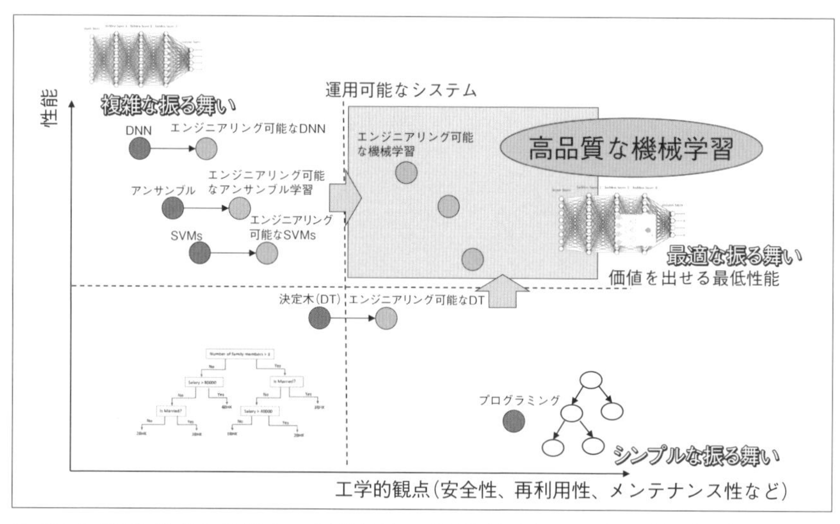

〔図6.7〕機械学習の性能と工学的観点の品質を両立した高品質な機械学習を構築する技術が求められている

すなわち、安全性を分析しやすい機械学習や再利用しやすい機械学習の技術開発や演繹と帰納を統合した安全性分析・保証、再利用技術が今後重要になってくるであろう。

XAI技術では、高性能な機械学習の説明可能性を向上する技術や説明可能性な機械学習アルゴリズムの性能を向上させる技術が開発されている。機械学習工学技術も同様にDNNなど高性能な機械学習の安全性、再利用性、メンテナンス性など工学的な観点での品質を向上させる技術と、工学的な観点を考慮した高性能な機械学習アルゴリズムの開発が進むであろう（図6.7）。

図6.8に、工学技術によってエンジニアリングのレベルが向上した時にどのような機械学習工学技術が必要となるかを整理した。体系化がまだできない部分に関する技術者の活動は、事例やガイドラインが有用である。これらが整理されてくると、その知識を用いてAIシステムのためのライブラリ・フレームワーク・レビューツールなどの技術者の補助ツールが発展する。まさに現在、そのようなAIシステムのためツール

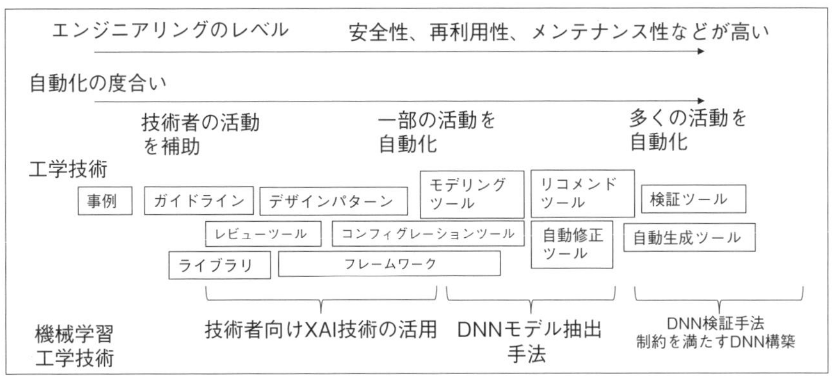

〔図6.8〕エンジニアリングのレベルと必要となる機械学習工学技術

が多数公開されている状況である。これらのツールには、技術者に対する XAI 技術の活用が重要になる。実際に XAI を活用したさまざまなライブラリが公開[*5]されている。今後は、工学的な活動をより自動化する技術が重要になる。

XAI 技術は人間の解釈性を高めるのが主な目的であるが、安全性の検証や保証などを数学的に行う場合、数学的性質が確認できればよいため、必ずしも人間（特に技術者）の解釈可能性が高い必要はない。そのため

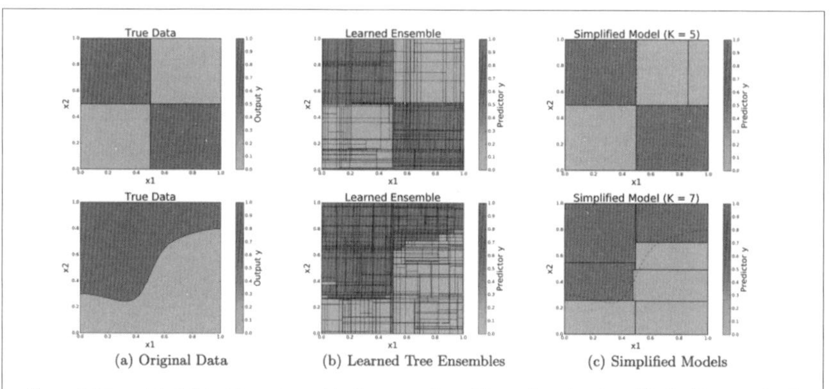

〔図6.9〕場合分けを大まかにモデル化する

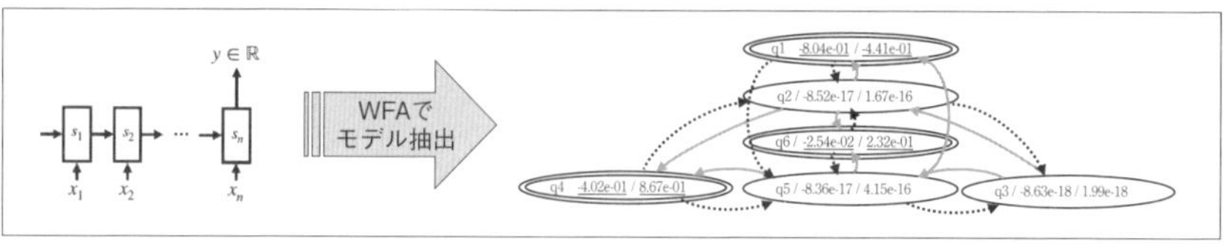

〔図6.10〕回帰型ニューラルネットワークのモデル抽出

---

*5 MicrosoftのInterpretML(https://interpret.ml/)など

訓練済みモデルから、学習した結果の数学的性質を抽出するためのモデル抽出手法がより重要になる。例えば、原らは機械学習で学習した複雑なルールから大まかな場合分け方を近似し、大まかにどのようなルールを学習したかを自動的に抽出する方法を提案していている[4](図 6.9)。また、訓練した回帰型ニューラルネットワークからその振る舞いをオートマトンのモデルに変換する技術も開発されている[5](図 6.10)。これらのように学習結果を近似したモデルに変換することによって、その数学的な特徴や性質を従来のソフトウェア工学技術によって検証可能になる。これは、プログラムからモデルを抽出するリバースエンジニアリングの技術に相当し、機械学習の（リバース）エンジニアリング技術が求められている。

6.5 本章のまとめ

本章では機械学習工学に関する研究動向を紹介した。AI の学術コミュニティでは、2015 年頃から AI の品質や XAI（eXplainable AI）に関する研究が盛んになった。ソフトウェア工学分野では、2017 年頃から AI システムのテスト技術の研究が盛んになり、2018 年頃からは機械学習工学に特化した国際会議が多数開催されるようになった。本章では、それらの国際会議を紹介した。現在の研究動向を知りたい場合は、それらの国際会議をあたって欲しい。

さらに、要求工学に関する研究チャレンジについて整理した。近年、AI ブームが落ち着いて、過度な期待は少なくなりつつある。AI システムは多数の背景知識を持った利害関係者が連携して構築・運用する必要があり、その連携のための研究が要求工学の観点だけではなくAIプロジェクトの観点でも重要である。

最後に、機械学習工学に関する研究の方向性を解説した。機械学習工学は、機械学習の技術とソフトウェア工学の技術の融合領域である。自動的に抽出された知識を工学的に分析するためのモデル抽出技術や工学的側面を考慮した特徴や性質をもつ機械学習モデルを構築する技術が今後発展するものと思われる。

本書が今後の機械学習工学の発展に貢献できれば幸いである。

参考文献

[1] 国立研究開発法人新エネルギー・産業技術総合開発機構. 平成30年度成果報告書 産業分野における人工知能及びその内の機械学習の活用状況及び人工知能技術の安全性に関する調査. https://www.nedo.go.jp/library/seika/shosai_201907/ 20190000000685.html, 2019.

[2] Jie M Zhang, Mark Harman, Lei Ma, and Yang Liu. Machine Learning Testing : Survey , Landscapes and Horizons. IEEE Transactions on Software Engineering, Vol. 48, No. 1, pp. 1–36, 2022.

[3] Khlood Ahmad, Muneera Bano, Mohamed Abdelrazek, Chetan Arora, and John Grundy. What’s up with Requirements Engineering for Artificial Intelligence Systems? In IEEE 29th International Requirements Engineering Conference (RE 2021), pp. 1–12, 2021.

[4] Satoshi Hara and Kohei Hayashi. Making tree ensembles interpretable: A

Bayesian model selection approach. In the Twenty-First International Conference on Artificial Intelligence and Statistics (AISTATS 2018), pp. 77–85, 2018.

[5] Takamasa Okudono, Masaki Waga, Taro Sekiyama, and Ichiro Hasuo. Weighted Automata Extraction from Recurrent Neural Networks via Regression on State Spaces. In 34th AAAI Conference on Artificial Intelligence (AAAI 2020), pp. 5306–5314, 2020.

索引

■ 著者紹介 ■

吉岡　信和（よしおか　のぶかず）

早稲田大学理工学術院総合研究所・上級研究員／研究院教授。1998年、北陸先端科学技術大学院大学情報科学研究科博士後期課程修了。博士（情報科学）。同年(株)東芝入社。2002-2021年 国立情報学研究所、2007-2021年、総合研究大学院大学、2021年より現職。IEEE CS Japan/Tokyo Joint Chapter 役員。JST 未来社会創造事業機械学習を用いたシステムの高品質化・実用化を加速する "Engineerable AI" 技術の開発（eAI プロジェクト）に参画し、eAI プロジェクトのフレームワーク、社会実装のための普及戦略や技術検証を担当。

鷲崎　弘宜（わしざき　ひろのり）

早稲田大学グローバルソフトウェアエンジニアリング研究所長・教授。国立情報学研究所 客員教授。(株)システム情報 取締役（監査等委員）。(株)エクスモーション社外取締役。IEEE-CS Vice President for PEAB。情報処理学会ソフトウェア工学研究会主査。2003年、早稲田大学大学院理工学研究科情報科学専攻博士後期課程修了、博士（情報科学）。2004-2008年、国立情報学研究所、2008年より早稲田大学理工学術院准教授、2016年から現職。JST CREST 信頼される AI システム領域アドバイザ。AI・IoT リカレント教育スマートエスイー事業責任者。JST 未来社会 eAI プロジェクトにてフレームワークや機械学習デザインパターン研究をリード。

内平　直志（うちひら　なおし）

北陸先端科学技術大学院大学・教授／知識科学系長／トランスフォーマティブ知識経営研究領域長。1982年、東京工業大学理学部情報科学科卒業。同年、東京芝浦電気株式会社（現 株式会社東芝）に入社。同社研究開発センター等で、人工知能、ソフトウェア工学、サービス工学の研究・開発に従事。研究開発センター次長、技監などを歴任し、2013年より現職。博士（工学）、博士（知識科学）。現在の専門は、デジタル・イノベーションマネジメント、技術経営、サービス経営。研究・イノベーション学会理事、日本 MOT 学会理事。

竹内　広宜（たけうち　ひろのり）

武蔵大学経済学部経営学科・教授。2000年、東京大学大学院工学系研究科計数工学専攻修士課程修了。2000年より日本アイ・ビー・エム株式会社東京基礎研究所に勤務。コールセンターにおける会話データの分析技術、仕様書のテキスト分析技術などの研究開発に従事。2013年より金融機関を中心として、機械学習を活用するシステムを開発するプロジェクトに数多く参画。2018年より現職。博士（工学）。

●ISBN 978-4-910558-14-1

茨城大学　新納 浩幸　著
東京農工大学　古宮 嘉那子

エンジニア入門シリーズ

文書分類からはじめる自然言語処理入門

—基本からBERTまで—

定価2,970円（本体2,700円+税）

第1章　文書のベクトル化
1.1　文書分類とその入力
1.2　単語分割
1.3　N-gram
1.4　Bag-of-words
1.5　TF-IDF
1.6　Latent Semantic Analysis

第2章　分散表現
2.1　分散表現とは
2.2　cos 類似度
2.3　word2vec
2.4　doc2vec

第3章　分類問題
3.1　分類問題とは
3.2　分類問題と教師あり学習
3.3　Naive Bayes
3.4　文書分類の評価
3.5　ロジスティック回帰
3.6　Support Vector Machine
3.7　ニューラルネットワークとディープラーニング
3.8　半教師あり学習

第4章　系列ラベリング問題
4.1　系列ラベリング問題とは
4.2　系列ラベリング問題のタスク
4.2.1　単語分割
4.2.2　固有表現抽出
4.3　系列ラベリング問題の解法
4.3.1　HMM
4.3.2　CRF
4.3.3　LSTM

第5章　BERT
5.1　事前学習済みモデルとは
5.2　BERT の入出力
5.3　BERT 内部の処理
5.3.1　Transformer
5.3.2　Position Embeddings
5.3.3　BertLayer
5.3.4　Multi-Head Attention
5.4　BERT による文書分類
5.5　BERT による系列ラベリング
5.6　Pipeline によるタスクの推論
5.6.1　評判分析
5.6.2　固有表現抽出
5.6.3　要約
5.6.4　質問応答
5.6.5　テキスト生成
5.6.6　Zero-shot 文書分類

発行／科学情報出版（株）

●ISBN 978-4-910558-03-5

日本大学　綱島 均
同志社大学　橋本 雅文　著
金沢大学　菅沼 直樹

設計技術シリーズ

カルマンフィルタの基礎と実装

—自動運転・移動ロボット・鉄道への実践まで—

定価4,620円（本体4,200円+税）

第Ⅰ部　カルマンフィルタの基礎

第1章　線形カルマンフィルタ
1－1 確率分布／1－2 ベイズの定理／1－3 動的システムの状態空間表現／1－4 離散時間における動的システムの表現／1－5 最小二乗推定法／1－6 重み付き最小二乗推定法／1－7 逐次最小二乗推定法／1－8 線形カルマンフィルタ（KF）

第2章　非線形カルマンフィルタ
2－1 拡張カルマンフィルタ（EKF）／2－2 アンセンティッドカルマンフィルタ（UKF）

第3章　データアソシエーション
3－1 センサ情報の外れ値の除去／3－2 ターゲット追跡問題におけるデータ対応付け

第4章　多重モデル法による状態推定
4－1 多重モデル法／4－2 Interacting Multiple Model（IMM）法

第Ⅱ部　移動ロボット・自動車への応用

第5章　ビークルの自律的な誘導技術
5－1 はじめに／5－2 ビークルに搭載されるセンサ／5－3 ビークルの自律的な誘導に必要とされる技術／5－4 カルマンフィルタの重要性

第6章　自己位置推定
6－1 はじめに／6－2 自己位置推定の方法／6－3 デッドレコニングとRTK-GPSによる自己位置推定／6－4 デッドレコニングの状態方程式／6－5 ランドマーク観測における観測方程式

第7章　LiDARによる移動物体追跡
7－1 はじめに／7－2 LiDARによる周辺環境計測／7－3 移動物体検出／7－4 移動物体追跡／7－5 実験

第8章　デッドレコニングの故障診断
8－1 はじめに／8－2 実験システムとモデル化／8－3 故障診断／8－4 実験

第9章　LiDARによる道路白線の曲率推定
9－1 はじめに／9－2 実験システムと白線検出／9－3 白線の線形情報推定／9－4 実験

第10章　路面摩擦係数の推定
10－1 はじめに／10－2 IMM法による状態推定／10－3 推定シミュレーション／10－4 実車計測データへの適用

第Ⅲ部　鉄道の状態監視への応用

第11章　鉄道における状態監視の現状と展望
11－1 はじめに／11－2 状態監視の一般的概念と方法／11－3 車両の状態監視／11－4 軌道の状態監視／11－5 軌道状態監視システムの開発事例／11－6 今後の展望

第12章　軌道形状の推定
12－1 はじめに／12－2 車両モデル／12－3 軌道形状の推定／12－4 シミュレーションによる推定手法の評価／12－5 実車走行試験

第13章　鉄道車両サスペンションの異常検出
13－1 はじめに／13－2 鉄道車両サスペンションの故障診断／13－3 シミュレーションによる推定手法の検証

発行／科学情報出版（株）

●ISBN 978-4-904774-73-1

東芝デジタルソリューションズ　著

設計技術シリーズ

IoTシステムとセキュリティ

定価3,080円（本体2,800円+税）

発行／科学情報出版（株）

●ISBN 978-4-904774-59-5

立命館大学　徳田 昭雄　著

EUにおける エコシステム・デザインと標準化

―組込みシステムからCPSへ―

定価2,970円（本体2,700円+税）

発行／科学情報出版（株）

●ISBN 978-4-904774-85-4

愛知工科大学　荒川 俊也　著

エンジニア入門シリーズ

AIエンジニアのための
統計学入門

定価2,970円（本体2,700円+税）

発行／科学情報出版（株）

●ISBN 978-4-910558-07-3

東京大学　福嶋 健二・桂 法称　著

エンジニア入門シリーズ

—Pythonで実践—

基礎からの物理学とディープラーニング入門

定価3,960円（本体3,600円+税）

発行／科学情報出版（株）

設計技術シリーズ

AIプロジェクトマネージャのための機械学習工学

2023年1月26日　初版発行

著　者　吉岡信和／鷲崎弘宜／内平直志／竹内広宜
©2023
発行者　松塚 晃医

発行所　科学情報出版株式会社
〒300-2622　茨城県つくば市要443-14 研究学園
電話　029-877-0022
http://www.it-book.co.jp/
ISBN 978-4-910558-16-5　C3053
※転写・転載・電子化は厳禁